走进陇原，走进甘肃
听她美好的自然音符
U0301733

聆听陇原的自然音符

赵长明 主编

甘肃科学技术出版社

图书在版编目（CIP）数据

聆听陇原的自然音符 / 赵长明主编. -- 兰州 : 甘肃科学技术出版社, 2020.6（2021.5 重印）
ISBN 978-7-5424-2746-5

Ⅰ. ①聆… Ⅱ. ①赵… Ⅲ. ①自然资源－概况－甘肃－普及读物 Ⅳ. ①P966-49

中国版本图书馆CIP数据核字(2020)第052385号

聆听陇原的自然音符
赵长明　主编

项目统筹　何晓东　韩　波
责任编辑　李叶维　韩　波
装帧设计　大雅文化

出　版　甘肃科学技术出版社
社　址　兰州市读者大道 568 号　730030
网　址　www.gskejipress.com
电　话　0931-8125103（编辑部）　0931-8773237（发行部）
京东官方旗舰店　http://mall.jd.com/index-655807.html

发　行　甘肃科学技术出版社
印　刷　上海雅昌艺术印刷有限公司
开　本　787 毫米 × 1092 毫米　1/32　印　张　8.75　字　数　220 千
版　次　2020 年 8 月第 1 版
印　次　2021 年 5 月第 2 次印刷
印　数　3001~8000
书　号　ISBN 978-7-5424-2746-5　定　价　48.00 元

编委会

导 语

五彩斑斓、栩栩如生的它，犹如一幅绝世无双的水墨画卷，珍藏在欧亚大陆腹地；鬼斧神工、高低起伏的它，犹如一枚精美绝伦的玉如意，祝福中国越来越美好；历史悠久、文化厚重的它，犹如一位智慧的长者，隐居在中国西部。它就是地域辽阔、地貌独特、物种丰富的陇原大地——甘肃省，位于黄土高原、青藏高原和内蒙古高原的交会处，被长江、黄河和内陆河共同哺育着。

在这里，驼铃悠扬，飘荡在天地之间，好像是过去和未来在窃窃私语。丝绸之路穿过古老而质朴的陇原大地，一切都开始变得生机勃勃了。印象中，沟壑纵横的黄土高原和无边无际的沙漠，就是甘肃的代表。可事实上，这里还有令人神往的江南水乡、月牙泉、青土湖和雪山冰川。瞧，那千姿百态的雅丹地貌，那多姿多彩的丹霞地貌，那层峦叠嶂的祁连山脉，还有蜿蜒的河流、湛蓝的湖泊、美丽的湿地、广袤的草原和苍翠的森林等多种自然景观争奇斗艳，长达1200千米的河西走廊将它们紧密而有序地串在一起，形成了一幅独一无二的画卷。1500多条冰川雪峰就像画卷中的留白，模糊了天地间的距离，给人们无限幻想。多种生态系统和地形地貌的和谐共存，孕育了丰富的动植物资源，而且很多是珍稀的国家重点保护物种。青海云杉、祁连圆柏、格桑花、天山报春、雪莲花、金钱豹、草原斑猫、大白鹭、雪豹等在画卷中也各占一方画布。这与飞沙走石、令人敬畏的荒漠戈壁形成了鲜明对比。可在寂寥的荒漠，依然有胡杨、梭梭、柽柳、膜果麻黄、荒漠猫、沙狐、风头百灵、毛腿沙鸡等不离不弃地陪伴着它。

《聆听陇原的自然音符》是生态领

域的科普性读物。本书共有七个章节，第一章总述甘肃的地貌、气候、水系、历史与文化，第二章至第五章分别介绍了森林、草原、荒漠和湿地四种具有代表性的生态系统及其典型的动植物物种，第六章简要介绍在多种多样的生态基础上的特色农业，第七章聚焦陇原大地国家重点保护Ⅰ级和Ⅱ级动植物物种。

本书在甘肃省科技厅组织下，由兰州大学赵长明教授担任主编，组织张立勋、潘建斌、赵志刚、杨惠敏、王乃昂、冯虎元、丛培昊、骆爽、齐威等十几位具有多年丰富野外考察经历和多学科充足知识储备的学者，李亚鸽、陈刘阳、刘欢、常殷逸、李婧、聂瑾璐、李天遥、刘继杰、杨龙、段兵红等多名博士硕士研究生协助下，以一种客观全面、图文并茂、深入浅出、通俗易懂的写作风格，经过数次讨论修改、审核校对创作完成的。在此，感谢甘肃省科技厅相关领导对本书提出的宝贵建议；感谢马堆芳、王玉金、王明浩、王惠珍、白永兴、丛培昊、包新康、冯虎元、刘坤、齐威、杜维波、李亚鸽、李季、李波卡、杨龙、杨坤、何廷业、张立勋、张灿坤、张勇、张健、陈学林、周天林、赵长明、赵忠、段兵红、骆爽、高文婷、崔月、董晓雪、韩亚鹏、韩春、滕继荣、潘建斌、魏泽等提供珍贵图片；另外，本书还参考了相关文献、图书和其他资料，在此一并表示由衷地感谢。

本书秉承“生态科普”的初心，跋山涉水，小憩于此，与读者娓娓道来，希望该书的出版，犹如一条观光隧道，带领读者欣赏千变万化、无限瑰丽的甘肃。

编写组

2020年3月

MULU

目 录

陇原大地

第一章　陇原大地

甘肃是一个地域辽阔的省区，总面积为42.58万平方千米，约占中国陆地总面积4.44%（中国政府网）。在全国各省区中，仅次于新疆、西藏、青海、内蒙古、黑龙江及四川六省区，居第7位。地理坐标位于北纬32° 31′～42° 57′，东经92° 13′~108° 46′之间。省域轮廓恰似如意或哑铃状，整体西北—东南走向，东西延伸达1655千米，南北宽530千米。甘肃省受南部青藏高原与北部阿拉善沙漠戈壁的限制，加之省域的斜长轮廓与独有的地理位置，对自然环境、生态系统和自然资源的形成均有广泛而深刻的影响。

一、甘肃的由来

甘肃，是取甘州（今张掖）、肃州（今酒泉）二地的首字而得名。西夏曾置甘肃监军司，元代设甘肃行中书省，简称甘，这是甘肃省名之始。

根据中国最早的经典地理著作《尚书·禹贡》之“九州”区划，今日甘肃属九州中的雍州西部和梁州北部，因此古称甘肃省境为“雍梁之地”。又因甘肃省大部在历史名山陇山（主峰六盘山，海拔2942米）以西，秦昭襄王二十七年（前280年）的周代，在甘肃省域始置最早的郡级政区“陇西郡”，唐贞观元年（627年）始置当时全国最大的道级政区“陇右道”，因此将甘肃省简称“陇”。因黄河自西南向东北流经省境中部，习惯上将黄河以西的省域统称为“河西地区”，而将黄河以东的省域统称为“河东地区”。又因地理位置和环境的差异，“陇山”将“河东地区”分为三部分：陇山以西、乌鞘岭以东的黄土高原地区，属陇西黄土高原，简称“陇西”；陇山以东的庆阳市、平凉市大部地区，属陇东黄土高原，习称“陇东”；陇山之南，大体为东西走向的西秦岭山地和山间盆地，包括陇南市、天水市和甘南州的部分地区，可称“陇南”。

内陆河：由内陆山区降雨或高山融雪产生的，不能流入海洋，只能流入内陆湖泊或在内陆消失的河流。

二、山地高原群居区

中国三大地势阶梯中的一级阶梯和二级阶梯的地形分界线，即“昆仑山脉—祁连山脉—横断山脉”，通过甘肃省境。“世界屋脊”青藏高原雄踞甘肃西南部，它的存在极大地破坏了通常的水平地带结构。耸立在青藏高原东北缘的祁连山，有多条西北-东南走向的平行山脉和宽谷，是亚洲中部著名的巨大山系之一。作为黑河、石羊河和疏勒河三大水系中56条内陆河的主要水源涵养地和集水区，祁连山在维护中国西部生态安全方面有着举足轻重和不可替代的地位，被誉为河西走廊的“生命线”和“母亲山”。从以地势和地貌形态为主的地域类型组合状况来看，河西地区的山地、沙漠、戈壁都是人类难以定居的地方，而走廊绿洲则为人类活动提供了广阔的历史舞台，著名的“丝绸之路”即由此通过，成为联系欧亚大陆几个文明中心的重要通道。

河东地区的黄土高原，是中华民族古代文明的发祥地之一，也是地球上分布最集中、面积最大且厚度最大的黄土区。由于土层深厚，地形复杂，水土流失严重，给河东地区带来严重的生态环境问题。秦岭是横贯中国中部的东西走向山脉，西起甘肃省临潭县北部的白石山，向东经天水南部的麦积山进入陕西。秦岭–淮河一线是中国地理上最重要的南北分界线，秦岭能够阻挡寒潮南下和湿润的季风进入西北地区，导致这条线的南北地区在气候、河流、植被、土壤、农业等方面存在巨大差异。

甘肃省境地势高峻，向西北和东南两面倾斜，除东南少数河谷与河西走廊西段外，大部地面海拔在1000米以上。其中，山地、高原占全省面积70%以上，沙漠和戈壁约占全省面积15%，平地占比少。河西走廊虽以平地为主，但大部分是戈壁、沙漠及剥蚀低山，宜于灌溉农业和城市发展的绿洲面积不到2万平方千米。省域大于3000米的山原，包括阿尔金山东段、祁连山大部、甘南高原及岷迭山系，占全省面积的20.2%，含有海拔4500米以上的山峰，多现代冰川和冰缘景观。2000~3000米的中山，占全省面积的20.6%，大部是天然森林草原与重要矿藏分布区，以及小面积的河谷农田与新兴中小城镇。1000~2000米的高原、中低山与河谷，占全省面积最大，达57.6%，土地利用程度最高。其中，河西绿洲与河东地区的河谷川台地，是甘肃省社会经济发展的精华所在。低于1000米的局部河谷、盆地，仅占全省面积的1.6%。

山原：一种平均高度较大、面积宽广、构造复杂、总体上完整的大高原。例如，在青藏高原上，还耸立着一些更高的山脉，所以，青藏高原实质上是山原。

四种气候：指的是三带一区，北亚热带、暖温带、温带和高寒气候区。

三、四种气候交汇区

甘肃处于中国气候自东南温暖多雨区向西北内陆干旱少雨区逐渐变化的过渡地带，气候的地区差异十分显著。加之境内高山和甘南高原的隆起，气候变化出现复杂的格局。河东地区冬季盛行大陆季风，寒冷干燥；夏季盛行海洋季风，湿热多雨。其中，处于东南部的陇南山地具有南方湿润区的气候特征，天水、平凉和庆阳的气候特征接近关中平原。祁连山和甘南高原海拔高，气候特征与青藏高原东部相同。河西走廊和北山地区则因地处内陆，为海洋季风势力所不及，气候基本与新疆内陆干旱沙漠区一致。

在中国一级行政区划中，甘肃省是唯一占有三大自然区各一部的省区。三大自然区即东部季风区、西北干旱半干旱区和青藏高寒区，其自然景观和社会经济发展均具有显著的地域差异。这一中国最重要的自然地理分区，其交汇点即在距省会兰州西北180千米的乌鞘岭。

“秦岭淮河线”是划分中国南北的地理依据，为人们提供了认识甘肃自然地理的基本参照。这条中国最重要的地理、气候界线之西延，在甘肃南部的白龙江一线，决定了甘肃的气候以暖温带、温带为主。全省年平均气温大致在0℃~16℃，略同华北地区，但各地海拔高度不同，气温差别较大。季风进退的影响，加剧了本省冬冷夏热的季节变化，呈现出大陆性季风气候特征。

甘肃省四季的气候特点是：冬季雨雪少，寒冷时间长；春季升温快，冷暖变化大；夏季短促气温高，降水较集中；秋季降温快，初霜来临早。一年中7、8月的气温最高、降水量最多，夏半年（4~9月）集中了年降水量的80%~90%，雨季（6~9月）降水量占年降水量的50%~65%，表现出雨热同期的季风气候特征。“南热北凉、盆地河谷暖、山地高原冷”是甘肃各地气温差异的总体特征。特别是省内宏观地貌以山地、高原为主，大部分地区地势较高，年平均气温较低，作物的生长周期较长，除陇南河谷地带外，历史上农业种植制度都是一年一熟。

按照各地日平均温度≥10℃的天数及其积温，同时考虑1月平均气温作为划分温度带的指标，参照自然景观及作物分布，甘肃从南到北可分为北亚热带、暖温带和温带。其中，暖温带、温带气候区达30.50万平方千米，约占全省总面积的64%。对于靠近青藏高原的祁连山区和甘南高原，由于海拔高，气候寒冷，另列为高寒气候区。在一个省内出现3个温度带和1个高寒气候区，这在全国可以说是独一无二的。全省多年平均降水量1370×10^8立方米，折合平均降水深度不足280毫米（全国平均年降水量约630毫米），是降水比较少的省区之一。按照水分条件，全省从东南向西北，又有湿润、半湿润、半干旱、干旱之别，加之省域地势高亢，山地垂直气候带也很显著。这种水热条件的地域组合，使甘肃兼有亚热带湿润气候区，暖温带湿润和干旱气候区，冷温带半湿润和半干旱气候区、干旱气候区、高寒气候区等多个气候类型区，且大部分处于半干旱及干旱气候区。

三大流域：指的是长江、黄河和内陆河。

四、三大流域汇集区

受气候条件及复杂地形的影响，甘肃省境地表水及地下水分布特殊，不仅呈现出独特的水文地域分异特征，而且总体上地表径流较少，水资源较为短缺。全省水资源可分为2大流区、3大流域、9个水系。内外流域的分界线自腾格里沙漠南缘，经祁连山东段毛毛山—乌鞘岭、冷龙岭主脉直至俄博以东的甘青省界。作为内外流域的分水岭，此线在地理学上也是一条重要的界线，相当于亚洲中部—东亚的分界线。

年径流量：又称为年流量，指一年内通过河流某一过水断面的水量。

根据统计，全省河流年径流量大于1×10^8立方米的河流有78条。其中，有独立出山口、年径流量大于1×10^8立方米的河流，内陆河流域有15条，黄河流域有27条，长江流域有36条。除此之外，甘肃省河流的主要特征还有平均河网密度偏小、补给形式多样、径流深度偏低且地域差异显著、径流季节分配不平衡等特点。甘肃地区的平均河网密度远小于中国东部地区。甘肃河流的补给水源除降水资源外，还有冰川资源、胡泊水资源和地下水资源。在降水资源方面，甘肃有72%的地区降水量小于500毫米，但陇南东部、陇东南部和甘南南部降水量大于600毫米，整体上降水多集中在6~8月。多种补给形式的存在，使得甘肃河流径流的季节分配不均匀，夏季径流量可占全年径流量的一半左右，甚至更高。

甘肃东南部的湿润、半湿润气候区属外流区，包括乌鞘岭以南的全部地区，主要河流有黄河流域的黄河干流、渭河、泾河3个水系及长江流域的嘉陵江水系。黄河流域占据甘南高原大部、陇西和陇东等地区；长江流域仅占有陇南山地和部分甘南高原。河西及柴达木内陆河流域，包括石羊河、黑河和疏勒河3个内陆水系，及甘肃省实际管辖的柴达木盆地西北部的哈尔腾—苏干湖水系。内流区主要河流均发源于祁连山地，各河均有一定的冰雪融水补给，冬季普遍结冰，年径流量稳定。

2018年，甘肃省水资源总量为333.30亿立方米，居全国第24位。地表水资源量为325.70亿立方米，地下水资源量为165.60亿立方米，人均水资源量为1266.58立方米/人，居全国第20位。地下水与地表水紧密相关，地下水过量开采必然影响地表生态系统。

甘肃省河川径流不发达，且密度极不平衡，是地表水资源贫乏的省区之一。一是因为自然条件限制的资源型缺水，二是因为水资源利用效率不高，存在浪费现象等。水资源不足，已成为制约甘肃省社会和经济发展的重要因素。

新生代、中生代、第三纪、古近纪、第四纪、渐新世、更新世、白垩纪：生物发展史上称从六千五百万年前到现代时间段为新生代，是继古生代、中生代之后最新的一个代，新生代包括第三纪（古近纪、新近纪）和第四纪，第三纪又分为古新世、始新世、渐新世、中新世和上新世五个时期；第四纪又分为更新世和全新世。白垩纪是地质年代中中生代的最后一个纪，开始于1.45亿年前，结束于6600万年前。

五、丰富的自然演化历史

甘肃是全国古生物化石资源较为丰富的省区之一，曾有过多次古生物化石的重大发现。例如，20世纪30年代发现了亚洲最大的蜥脚类恐龙——马门溪龙，70年代发现了世界上保存最完整的剑齿象化石——黄河古象，90年代末又发现了目前世界上最大的一组恐龙足印化石，等等。尤其是位于甘肃省西南部的临夏盆地，从晚渐新世至早更新世的各个层位中，发现了大量的哺乳动物化石，其中以距今30兆年的巨犀动物群、距今13兆年的铲齿象动物群、距今10兆年左右的三趾马动物群和距今约2兆年前的真马动物群的材料和种类最为丰富。这是中国，也是整个欧亚大陆，晚新生代哺乳动物化石最丰富的地区之一。

甘肃省的现代自然地理环境，主要是在中生代白垩纪末期以来的古地理基础上，经由强烈的构造运动和频繁的气候变化而发展形成的。众所

新构造运动：从新第三纪（中新世开始）以来发生的地壳运动称为新构造运动。新构造运动有水平运动（板块运动）、垂直运动、断裂活动、火山活动和地震等。

周知，青藏高原是中国新构造运动最强烈的地区，其大幅度整体断块抬升是中国第四纪环境演变中最突出的事件。甘肃省地质气候发生转折的关键时期在早更新世后期。事实上，不论是黄土、泥石流的沉积，还是网纹红土的发育，以及沙漠地不断发展、生物群的演化和分异，均证明现代东亚季风始于第四纪中期。

黄土形成于整个第四纪时期，同时它又记录了甘肃省第四纪地质历史的进程，因此黄土的广泛堆积及黄土高原的形成，是甘肃第四纪环境演变历史上又一个重要的地质事件。河西地区的干旱环境，早在古近纪即已存在。现代沙漠则是在早更新世末至中更新世才开始大规模形成的，并于中更新世、晚更新世进入积极发展时期，从而为风成黄土的广泛堆积提供了物源条件。

第四纪冰川：第四纪冰川是地球史上最近一次大冰川期，距今约200万年。

由于第四纪冰川作用远没有欧洲、北美同纬度地区那样广泛、强烈，生物演化只受到山地冰川和范围有限的冰缘气候的影响，因此陆地生态系统的生物种属特别繁多，地理成分复杂，分布亦比较混杂。中更新世以前，甘肃省境还保留有不少孑遗植物。尤其是西秦岭山区基本保持了自第三纪以来的温暖气候条件，成为亚洲大陆著名的喜暖动植物的避难所之一，保存了一些古老的物种，有些还是活化石即孑遗成分。如植物中有银

孑遗植物：又称为活化石植物，一个古老的植物类群，是在较为古老的地质历史时期中非常繁盛，分布很广，但到较新时期或现代则大为衰退的一些生物物种。

杏、杜仲、珙桐等，动物中有大熊猫、金丝猴等，它们均受到国际上的极大关注。

由于复杂的自然条件加上独特的自然历史演化，甘肃省植物组成表现出各种地理成分交汇、新老成分共存等特点。以植被类型为例，包括北亚热带常绿阔叶林、暖温带落叶阔叶林、温带针阔叶混交林、寒温带针叶林、温带草原和荒漠、亚高山灌丛、高山草甸等7大陆地生态系统。这种区域植被的差异性和生态系统的多样性，无疑决定了甘肃物种的多样性。

生态系统：指在自然界的一定的空间内，生物与环境构成的统一整体，在这个统一整体中，生物与环境之间相互影响、相互制约，并在一定时期内处于相对稳定的动态平衡状态。

物种多样性：是指动物、植物、微生物等生物种类的丰富程度。

植被：指地球表面某一地区所覆盖的植物群落的总称。依植物群落类型划分，可分为草甸植被、森林植被等。它与气候、土壤、地形、动物界及水状况等自然环境要素密切相关。

六、悠久灿烂的文化圣地

黄河是中华民族的摇篮，发源于青藏高原，从源头青海省流出后的第一个内地省区就是甘肃。黄河干流及其支流泾渭谷地，雨热同期的大陆性季风气候，加以天然肥沃的土壤构成，是发展原始农业的最理想地带。甘肃作为中国旧石器的最早发现地，中国已知最早的新石器时代遗址和青铜器发现地，中国彩陶起源最早、发展时间最长、分布范围最广、艺术成就最高的省区，在全国具有重要而独特的考古学地位。探求中国文化地理的一系列核心问题，诸如华夏文明起源的时间和地域、文明起源的地理环境、农业、文字和早期城址的出现等，都必须求诸于甘肃。

根据现有的考古资料，甘青地区的考古学文化序列大致为：大地湾一期文化、仰韶文化（包括早、中、晚期）、常山下层文化、马家窑文化（包括马家窑、半山和马厂三种类型）、齐家文化、四坝文化、辛店文化、寺洼文化、沙井文化、西周文化、春秋战国时期文化。考古发现和研究表明，甘青地区新石器时代的族群迁徙相当频繁，并呈现出不断向西、北和南部地区移动的趋势。

历史时期，甘肃人口的发展是一个大起大落、曲折变迁的过程。从西汉平帝元始二年（2年）到清雍正二年（1724年）的1700多年间，甘肃人口一直在100万上下徘徊。从雍正二年到乾隆四十一年（1776 年）的52年间，由于“摊丁入亩” 政策的实施，甘肃人口迅速增加，达到1208.65万人。从乾隆四十一年到同治元年（1862年），甘肃人口基本处于停滞状态，由1208.65万人发展到历史人口最高峰1240.71万人，历时86年，人口仅增加32.06万，平均年增长不足4000人。从同治元年（1862

年）到1949年的87年中，由于战争、灾荒、疾病等原因，甘肃人口先急剧减少，由1240.71万人减至同治十二年（1873年）的279.91万人，净减少960.8万人，后逐渐恢复，但到1949年全省人口仅为968.43万人。

甘肃省现有汉、回、藏、东乡、土、裕固、满、保安、蒙古、撒拉、哈萨克、维吾尔等民族。第六次人口普查结果显示，2010年甘肃总人口为2557.5万人，居全国第22位。截至2019年末，甘肃常住人口为2647万人，人口平均密度为每平方千米62人。人口分布很不平衡，东多西少，80%的人口居住在黄河以东约占全省1/3的土地上。甘肃与中国东部地区相比，属地广人稀之地。

在历朝历代的开发中，人类活动对自然植被的改造产生了巨大作用。在人为作用的参与下，极大地改变了甘肃省的土地覆盖状况，其形式主要为农田的扩张以及伴随而来的天然植被和地表水体的破坏。应当说明，人类活动对甘肃自然环境的影响，存在正反两方面的作用，会导致两种截然相反的结果。一方面，人类为了谋求生存，进行了一系列放牧、农耕和采伐等生产活动，甚至在很多时期还出现战乱等大范围社会活动，破坏了地表植被和土壤。另一方面，也不能排除人类活动会使局部环境有过不同程度的逆转，特别是河西走廊干旱荒漠地带的绿洲化等。

神秘森林

第二章　神秘森林

具有"地球之肺"美誉的森林是由木本植物组成的，包括乔木林、灌木林、竹林等。纵观甘肃的历史，古代的甘肃森林面积十分辽阔，2000多年前的秦汉时期，森林覆盖率约为30%。自秦、西汉以来，随着农业不断扩展，人口不断增长，森林面积逐渐减小。中华人民共和国成立前，甘肃省森林覆盖率下降至6%。自20世纪以来，"三北"防护林、天然林保护工程、国家级自然保护区、退耕还林、防沙治沙工程、森林公园等生态环境建设工程的实施逐渐恢复了森林，目前全省森林覆盖率达到了11.30%（国家统计局，2018年）。在这里，哪些植物与动物的出现使甘肃森林变得神秘而与众不同呢？让我们一起走进当代甘肃的森林秘境吧！

一、陇原之肺

根据甘肃历史资料显示，中华人民共和国成立初期，天然林的分布情况大致如下：甘肃南部的嘉陵江流域约为5265平方千米，渭河流域约为4284平方千米，洮河流域和白龙江上游约为10800平方千米，大夏河流域约为1300平方千米；陇东的镇原县、合水县与正宁县约为152平方千米；陇中包括兴隆山、栖云山、永泰山、哈思山、永安山等约为50平方千米；祁连山脉约为783平方千米。上述合计约为22634平方千米。

自1970年以来，甘肃省森林面积不断增长，增长幅度达到44.63%。截至2018年，林业用地面积10.46万平方千米，占全省土地面积的24.57%。森林面积5.10万平方千米，人工林面积1.27万平方千米，森林覆盖率达到11.30%，居全国第29位，仅高于青海省和新疆维吾尔族自治区。相对来说，甘肃省的森林资源少，覆盖率较低，分布不均匀，主要在甘肃省的东部和南部，而甘肃省北部和西部干旱少雨，森林类型以灌木林为主，沿河流形成的绿洲和湖泊地带有小面积的乔木林。

第八次全国森林资源清查（2009–2013年）结果显示，甘肃省主要优势树种面积如下：冷杉林1586平方千米、云杉林2414平方千米、油松林767平方千米、华山松林700平方千米、栎类林3201平方千米、桦木林1819平方千米、硬阔类林2556平方千米、杨树林1811平方千米，合计14854平方千米。

竹林

二、森林家族

1.亚热带常绿阔叶林

亚热带位于温带靠近热带的地区，大致是南北纬23.5°~40° 之间，亚热带常绿阔叶林分布在南北纬25°~35° 之间的大陆东部。如我国的长江流域，天然植被以常绿阔叶林最为典型，北部含有较多的落叶树种；而我国秦岭淮河以南、南岭以北的广大地区也属于本带范围，此地的常绿阔叶林主要以壳斗科、樟科、竹林与针叶林（如马尾松、杉木林）为主。

常绿阔叶林群落外貌终年常绿，林相整齐，树冠浑圆。阔叶林树木具有扁平、宽阔的叶片，叶脉呈网状。整个群落全年均为营养生长，夏季更为旺盛。群落内部结构复杂，可分为乔木层、灌木层和草本层。

群落：指在一定时间内一定空间内上的分布各物种的种群集合，包括动物、植物、微生物等各个物种的种群，共同组成生态系统中有生命的部分。

阔叶树叶片

在甘肃省境内，仅陇南市秦岭山地分布有亚热带常绿阔叶林。秦岭山地属于暖温带向亚热带过渡的地带，南坡海拔1200米以下为亚热带森林和含有亚热带成分的森林。青冈、栓皮栎、柄果海桐、黄杨、杜鹃、油橄榄、常春藤、箭竹等物种在秦岭山地有分布。

甘肃常绿阔叶林中，包果柯、青冈、麻栎等壳斗科物种是比较常见的。包果柯是柯属常绿或落叶乔木，高5~10米，叶片革质，椭圆形，6~10月开花，次年秋冬结果，分布于中国长江北岸山区向南至南岭以北各地，长于海拔1000~1900米的山地乔木或灌木林中。麻栎是栎属落叶乔木，高可达30米，叶片形态多样，常见为椭圆状披针形，3~4月开花，9~10月结

橄榄果

果，分布于我国多个省区，长于海拔60~2200米的山地阳坡，成小片纯林或混交林。青冈是栎属常绿乔木，高可达20米，叶片革质，椭圆形，4~5月开花，10月结果，分布于甘肃、陕西、江苏、安徽等多个省区，生于海拔60~2600 米的山坡或沟谷，组成常绿阔叶林或者常绿阔叶与落叶混交林。

暖温带大致在北纬32°~43°，暖温带落叶阔叶林是以落叶阔叶乔木为主的森林。每年春季，乔木树种都在树叶未展开前争相开花，它们多为风媒花。到了夏天，乔木长满了叶子，进入秋季，气温降低，乔木逐渐落叶。

在甘肃省境内兰州以南，陇南地区和陇东地区山地中部分布着栎、杨、桦及松类等针阔混交林和阔叶混交林，下部也分布着阔叶混交林，这里的暖温带落叶阔叶林以栎类为主。

2.暖温带落叶阔叶林

暖温带大致在北纬32°~43°，暖温带落叶阔叶林是以落叶阔叶乔木为主的森林。每年春季，乔木树种都在树叶未展开前争相开花，它们多为风媒花。到了夏天，乔木长满了叶子，进入秋季，气温降低，乔木逐渐落叶。

在甘肃省境内的陇南地区和陇东地区，这里的山地中部分布着栎属、杨属、桦木属及松属等针阔叶混交林和阔叶混交林，下部只分布着阔叶混交林，而这里的暖温带落叶阔叶林以栎类为主。

3.山地寒温性针叶林

在中国温带、暖温带、亚热带和热带地区，寒温性针叶林则分布到高海拔山地，构成垂直分布的山地寒温性针叶林带，分布的海拔高度，由北向南逐渐上升。相对于阔叶林而言，针叶林树木的叶多为针形、条形或鳞形。

针阔叶混交林（青海云杉与桦树）（韩春 摄）

针形叶

祁连山青海云杉林（赵长明 摄）

兴隆山青杄林（赵长明 摄）

祁连圆柏林（李亚鸽 摄）

甘肃省地貌复杂多样，山地和高原约占全省总面积的70%以上。陇南山地、甘南高原、陇中黄土高原和祁连山地均分布有山地寒温性针叶林，以云杉和冷杉林为主。陇南秦岭山地南坡海拔1200米以上和北坡的下部广泛分布着油松、华山松、铁杉等针叶林，而北坡上部则分布有以落叶松、云杉、冷杉为主的寒温带针叶林，直至森林分布的上限。甘南高原山地上部分布着云、冷杉纯林或混交林。陇中黄土高原上分布有云杉、松属等针叶林。祁连山地阳坡分布着祁连圆柏林，而阴坡主要分布着青海云杉林。

三、丛林秘境涌绿波

1.软木树皮——栓皮栎

甘肃地区的栓皮栎林主要分布于陇南山地及小陇山林区，一般见于海拔600~1500米的低山区。

栓皮栎属于常绿乔木，光合作用的时间比落叶树长，且栓皮栎的树叶能够适应干旱的环境，气候干燥时，树叶上的气孔会关闭以降低蒸腾作用，从而减少水分的散失。栓皮栎质地均匀的树皮是软木，具有不渗透水和空气的特性，富有弹性以及隔热的功能，可以用来制造渔网浮漂、鞋垫、瓶塞等。栓皮栎平均可存活200多年，在其生命周期内，可进行超过15次的软木采收。

软木：软木是一种被称为木栓的植物组织，是茎和根加粗生长后的表面保护组织，它由蜂窝状的微型细胞构成，中间充满了空气，外面由软木脂和木脂素覆盖。

栓皮栎（潘建斌 摄）

2.木本能源植物——蒙古栎

蒙古栎主要分布于甘肃、河北、黑龙江、河南等省区。蒙古栎是一种可以扎根在城市的落叶乔木，常作为庭荫树和行道树而广泛栽培，它的树皮灰褐色，有深纵裂；叶片倒卵形，有种说不出的古雅，在古雅的气质中又带有一点雄伟的气魄。蒙古栎的叶片能分泌出一种挥发性物质，如萜烯、有机酸、醚、醛等，这些物质能够杀灭细菌、真菌，将空气中的微生物数量控制在一定范围之

蒙古栎（潘建斌 摄）

内。蒙古栎果实的淀粉含量高达50%，可用于制作酒精、饲料，是我国重要的木本淀粉类能源植物资源。

3.熊猫的佳肴——箭竹

箭竹林属于矮竹林型，秆挺直，壁光滑，又名“滑竹”。主要分布于华中、华西各省山地和台湾省中高海拔山区。它的分布面积大，产量高，竹笋可供人食用。更重要的是，箭竹是国宝大熊猫的主要食物。甘肃地区的箭竹主要分布在陇南山地，兰州市榆中县的兴隆山也有少量分布。

箭竹也如其他竹子一般，天然就有君子气息，却又似乎带上了点“出水芙蓉弱官人”的感觉。箭竹叶甘而寒，有利尿的功

箭竹

效；箭竹木材厚实，是制作笔杆、筷子、以及编制筐篮棚架等的好材料；此外，箭竹也具有一定的生态价值，例如水土保持、减缓地表径流、调节局部小气候环境等。

白桦美丽的“眼睛”

4.美丽的眼睛——白桦

提及白桦，我们眼前就会浮现出树干上那类似眼睛般的图腾。虽然其他树种在长高过程中也不断会有凋落的树枝，但没有

一种树会像白桦那样留下眼睛一样的疤痕，这也是白桦特别有美感的地方。它树干修直，姿态优美，洁白雅致，极具观赏价值，很多画家都把它作为描绘的对象。作为俄罗斯的国树，白桦象征着这个国家的民族精神，广泛出现在俄罗斯的文学作品中。

李时珍曾在书中写道，古时画工以桦树皮烧烟熏纸，之后方可作画，于是"桦"便由"画"演化而来。桦树皮干燥轻薄，皮下多含树脂，可散发出香味，又加上人们认为燃烧桦树脂可驱鬼魅，所以盛唐以后的皇室宫廷开始以桦树皮包裹蜜蜡制作蜡烛。

5.遍地生根之树——山杨

山杨以其分布范围广泛而闻名，我国东北、华北、西北、华中及西南高山都能找到它的踪影。究其原因在于山杨耐寒冷、耐干旱、耐贫瘠，能够适应不同的生长环境，且具有很强的根蘖能力，一株成年山杨，根水平伸展可达百米。

根蘖繁殖：一种植物无性繁殖的方法，从植物母株根部长出不定芽而形成的小植株。

山杨（潘建斌 摄）

刺槐（潘建斌 摄）

它既能种子繁殖，又可根蘖繁殖，所以更新能力强，在老林被破坏后能与桦木混生或成纯林，是西北地区森林恢复的最佳选择。

6.水土保持能手 —— 刺槐

是谁让茫茫沙丘终成平原林海，是谁在黄河故道建起绿色长城，又是谁为无边的黄土高原涂抹上了绿色并绵延至今呢？这便是刺槐，又称洋槐。原产北美洲，17世纪初引入欧洲。18世纪末从欧洲引入我国青岛地区栽培，现在全国各地广泛栽植。它对土壤要求不严格，对土壤酸碱度不敏感，耐干旱、耐贫瘠，易于成活，适应性很强，可以种生也可以根生，是重要的速生用材树种。

适应性：即通过生物的遗传物质赋予某种生物的生存潜力。它决定此物种在自然选择压力下的性能。

1855年黄河决口改道，在豫东平原上留下了连绵的沙丘群，终日黄沙漫天，了无生机。新中国成立后，当地大量种植刺槐等树种，刺槐扎根于黄河河道，耐苦克难，生生不息，在中国地图上，点缀了一抹翠绿。刺槐于1930

年前后引入甘肃，在人工栽培下逐渐成林，虽然引种时间不长，但目前已遍布全省，成为非常重要的绿化树种。

7.护坡卫士——沙棘

生活在高原的人应该听说过“酸刺湾”“酸刺沟”或“酸刺坡”等地名，这就是沙棘的主要生长环境。人们对沙棘的认识，想必就是那浑身长满了刺，酸得难以下咽的“酸溜溜”。就是这“酸溜溜”的小金果用自身阻挡风沙。沙棘是胡颓子科、沙棘属落叶性灌木，中国的西北、华北、西南等地都有分布。沙棘因其耐旱、耐盐碱、抗风沙的特性而被广泛用于水土保持。

沙棘是世界公认的“维C之王”，具有很高的营养价值，尤其在高原地区纯天然无污染环境下的沙棘，其营养成分和活性物质均优于平原沙棘。它可以制作成沙棘粉、沙棘籽油、沙棘维生素粉、沙棘汁。此外，沙棘的根系与根瘤菌共生，从而提高土壤含氮量。沙棘的叶可做饲料，花可提炼香精，还是良好的蜜源植物。沙棘如今已广泛用于制作饮料和酿酒，可谓是无私奉献，不求回报。

蜜源植物：指所有气味芳香或能制造花蜜以吸引蜜蜂的被子植物。

沙棘（李波卡 摄）

沙棘产品（李亚鸽 摄）

华北落叶松（李波卡 摄）

华北落叶松林（李亚鸽 摄）

8.中山森林——华北落叶松

在我国华北的崇山峻岭间，当我们在群山中攀登，驻足山顶凝望时，会有大片的亮绿突然跃入我们的眼帘，那多半就是华北落叶松林了。华北落叶松是我国华北地区中山以上山地的主要造林树种。甘肃没有天然分布的华北落叶松林，于1957年引种。它比乡土树种如油松和华山松生长速度快，生长量较高。华北落叶松棵棵树干挺拔，姿态优美，亮绿色的针叶林冠在强烈的太阳光下，青翠如瀑。如君子般厚德的它，常常选择长在高山苦寒之地，将高山染成翠绿，守望着湛蓝天空，保卫着绿水沃土。

9.风雪中的老兵——油松

油松是温带常绿针叶林中分布最广的树种，在天然分布区中经常形成纯林或与栎类等阔叶树形成针阔叶混交林。油松对生长环境要求不高，对酸性、中性和钙质土都能适应，再加上抗逆性强、生长速度快、分蘖能力强、根系发达等因素，被广泛作为北方地区的造林树种。油松树皮常呈红褐色，具有较厚的鱼鳞状剥落，好似一位守护边疆的老兵。它的果实为绿色，授粉后约20个月后变为褐色，种子有翅，可以借助风

油松（李亚鸽 摄）

油松球果（潘建斌 摄）

球果：大多数裸子植物具有的生殖结构，具球果的多为松柏纲植物。

青海云杉（潘建斌 摄）

力传播。油松是上天赐予我们的礼物，它浑身均能入药，还能用于产生松脂、松香、丹宁和松节油等产品。

水源涵养：是指养护水资源的举措。一般可以通过恢复植被、建设水源涵养区达到控制土壤沙化、降低水土流失的目的。植被通过林冠截留雨（雪）水、枯枝落叶层吸收水分和林地土壤蓄渗降水，发挥涵养水源的生态功能。

10.水源涵养神器——青海云杉

祁连山脉的造林树种主要是建群树种青海云杉，在干旱、寒冷中顽强挺立的青海云杉，早已练就了抗干旱、涵养水源的本领。由于青海云杉四季常绿，树形优美，伟岸而不失优雅，还被广泛用于西北地区的城市绿化、园林观赏。

复杂的青海云杉林的群落奠定了它作为祁连山涵养水源“神器”的地位。青海云杉常与灌木、禾草、苔藓等形成混交林。当雨水来临时，苔藓

青海云杉球果（潘建斌 摄）

青海云杉林下苔藓（李亚鸽 摄

青海云杉林（赵长明 摄）

层、枯枝落叶层、表土层、底层土的渗流速度皆快于降雨强度，雨水不会发生地表径流，而是直接被吸收涵养。据调查，青海云杉林地涵养水源为1.78亿吨，是当之无愧的天然绿色水库。

此外，青海云杉林更新能力良好，可以适度取用。青海云杉生长过程比较缓慢，因此它拥有更长的时间来塑造出完美的纹理线条，颜色分布的也比较均匀，所以用青海云杉做出来的家具纹理精美，看上去非常自然和谐。

11.破译历史的生物密码 —— 祁连圆柏

“钢筋铁骨，屹立不朽；四季常绿，寿命千古。”这便是中国特有树种 —— 祁连圆柏。它生长于2600~4000米地带的阳坡或半阳坡，在青藏高原干旱和严寒的高山环境中顽强地生存。祁连圆柏林是一种很好的用材林，也是重要的水源涵养林。

早在千年前，以柴达木盆地为统治区域的吐谷浑人就开始大量地利用这些祁连圆柏了，都兰县的血渭一号大墓中就大量使用了祁连圆柏作为建造地宫和棺椁的材料。科学家通过测定古墓中祁连圆柏的年轮，准确证实了这座墓葬为公元600年吐谷浑中期的墓葬。这项研究成果不仅明确了都兰古墓的具体建造年代，并且通过墓葬使用祁连圆柏的数量之巨，证明千年之前，柴达木盆地柏树成荫、植被繁茂的生态面貌。通过对祁连圆柏的树轮进行分析，可以对青藏高原这一气候敏感区域开展高分辨率气候变化的研究，其运用原理就在于：①在高寒和干旱山区，

祁连圆柏（潘建斌 摄）

树轮：树木形成层向内侧分化过程中由于生长速度的周期性季节变化，而在木质部横切面上形成的肉眼可分辨的层层同心轮状结构。

树木生长需要一定的温度和适当的水分，温度的高低直接影响着树干形成层生长的速度和持续时间，从而影响树轮的宽度；②祁连圆柏生长缓慢，寿命长，生长量小，可获取的树木年轮资料年代长。

四、丛林秘境话精灵

1.林中凤凰——红腹锦鸡

红腹锦鸡对普通大众来讲或许有点陌生，但提起“凤凰”，想必大家都耳熟能详，早在《山海经》中就有“有鸟焉，其状如鸡，五采而文，名曰凤皇。”的记载。凤凰有“百鸟之王”之美誉，作为华夏五千年的文化图腾已深入人心。而被古人神话为凤凰的锦鸡，寓意高贵典雅，象征祥瑞。

红腹锦鸡是我国的特有鸟类，俗名“金鸡”，性二态明显，雄鸟头顶着金黄色羽冠，背部大部羽毛为金黄色，胸部和腹部为红色，后颈具黄色—黑色相间的领翎等多彩羽色，在阳光的照射下，色彩斑斓，闪闪金光，耀眼无比。红腹锦鸡的名字也由此得来。而雌鸟则羽色暗淡，远没有雄鸟吸引眼球。

性二态：指同一物种不同性别之间的差别。主要指与生殖器官（第一性征）没有直接关系的第二性征，如体型、颜色、饰羽、距、角、獠牙等。

红腹锦鸡是群居性鸟类，善奔走，故称“陆禽”。非繁殖季节多聚群活动，听觉和视觉灵敏，性机警，胆怯怕人。繁殖期为每年的4~6月，一雄多雌婚配制，大多1雄配2~4雌，发情期雄鸟羽色尤为鲜艳华丽，鸣叫频繁，

竖起羽冠和领翎，为了吸引雌鸟交配，求偶期常围绕在雌鸟身旁，蓬松胸羽，伸展内侧翅膀将雌鸟围在自己的控制范围内，不时发出谄媚的叫声。雌鸟产下第一枚卵后便入窝孵化，孵化期22~24天，雏鸟出壳后，雌鸟育雏，雄鸟便不知去哪里游荡了。

1993年，红腹锦鸡被甘肃省人民政府确立为“甘肃省省鸟”。

贴士：鸟类学泰斗郑作新先生与红腹锦鸡的不解之缘

说到红腹锦鸡，不得不提到我国鸟类学界的泰斗——郑作新先生。郑老先生与这种美丽鸟儿有着深厚的情缘。先生早年在美国求学时，一次偶然的机会，他在校园看到了来自祖国的红腹锦鸡标本，锦鸡的美丽让他痴迷与沉醉，但是更让他感到尴尬与耻辱的是，这种美丽的鸟儿明明是我国特有，但是它的命名与发现最早是外国人做出的，并被国际公认。这件事对他产生了很大的影响，以至于后来让他做出了“改变研究方向，回国潜心做鸟类研究”的决定。

红腹锦鸡（何廷业 摄）

郑作新老先生对中国鸟类学做出的贡献难以衡量，而他与锦鸡之间又彼此成就了对方。红腹锦鸡指引着郑作新在鸟类学的道路上一路披荆斩棘，说先生是中国现代鸟类学的奠基人丝毫不过分。郑先生对红腹锦鸡乃至鸟类的保护所做的工作则是对它最好的报答。他呼吁成立了中国第一个鸟类自然保护区——扎龙自然保护区，并且号召在全国范围内开展“爱鸟周”活动。他还捐款建立了“郑作新鸟类科学青年奖”基金会，鼓舞并激励后辈投身于祖国的鸟类学研究，深刻地影响着我国鸟类学的发展。

1980年，郑作新先生组建了中国鸟类学会，会徽就是一只美丽的红腹锦鸡，所以在中国鸟类学术界，红腹锦鸡早已成为了一个深入人心的符号。

2.密林飞龙——斑尾榛鸡

斑尾榛鸡是中国特有鸟类，性二态不明显，体长32~38厘米，因其尾羽外

斑尾榛鸡（红外相机拍摄，张立勋提供）

侧具数条黑褐色与白色相间横斑而得名，仅分布于云南西北部、西藏东部、四川北部和西部、青海东北部，以及甘肃的祁连山和岷山。

斑尾榛鸡栖息于中高海拔的山地灌丛和针叶林，以山柳、杜鹃、云杉和杨树为主，冬季迁移至低海拔的森林和灌丛地带。以植物的芽胞、嫩叶、嫩枝、花絮、种子、浆果为食，兼食昆虫和小型无脊椎动物。栖息地存在严重破碎化，斑块种群形成相互隔离的“孤岛”，使斑尾榛鸡的生存现状表现出严重的栖息地隔离及破碎化，分布范围小，数量很少，世界

栖息地：生物生存和繁衍的地方成为栖息地。通常动物们没有固定的居住场所。

栖息地隔离：指同一地区内的不同群体因生活在不同的小生境而造成的隔离。同一种生物由于地理上的障碍而分成不同的种群，使得种群间不能发生基因交流的现象，又叫作地理隔离或栖所隔离。

栖息地破碎化：是指在自然干扰或人为活动的影响下，大面积连续分布的栖息地被分隔成小面积不连续的栖息地斑块的过程。

自然保护联盟和《中国脊椎动物红色名录》将其列为近危物种，国家一级重点保护动物。

3.丛林猎手——黑鸢

黑鸢因其尾羽长且呈浅叉尾型，体羽以暗褐色为主，下体略带棕褐色，脚和趾呈黄色。栖息于平原、森林、湿地和草原等各种生境。常独居或单独在高空翱翔，翅面大而尾长，像舵一样不断摆动和变换形状以调节前进方向，且动作敏捷，可长时间盘旋翱翔，觅食能力极强。以小型鸟

黑鸢（张立勋 摄）

类、啮齿类、两栖类、爬行类和昆虫为食，是丛林食物链（网）的顶级消费者，可担当“丛林猎手”之角色。

繁殖期在4~7月，求偶季节可见雄鸟在空中追逐、嬉戏雌鸟，交尾也在空中进行。筑巢于高大乔木上，也有营巢悬崖峭壁之间，窝卵数2~3枚，双亲孵化孵育，孵化期38天。雏鸟晚成性，大约40多天后便可离巢飞行。

4.黑夜杀手 —— 雕鸮

丛林法则是自然界里生物学方面的物竞天择、优胜劣汰、弱肉强食的规律法则。动物在进化过程中必须保证自我生存，雕鸮（xiāo）进化出适应夜间生存的特征，如向前注视的双眼，可旋转近360度的颈椎，飞行时不发声的羽毛等等。作为“鸮形目”鸟类中体型最大，夜行性

夜行性动物：这类动物每天的活动具有周期性，即白天休息，夜间进行摄食、生殖等活动；部分具有发光器官，对雌雄交配有所辅助。

雕鸮（张立勋 摄）

掠食者的代表，雕鸮就是一个可怕的存在，白天通常隐身密林，缩颈闭目休息。夜幕降临时，满血复活，目光敏锐，行动敏捷，穿梭于林间田野，行使着自己“黑夜王子”的权威，严控啮齿动物的种群数量，维护其顶级消费者的使命。

雕鸮成体体长55~73厘米，面盘淡棕黄色，具一对耳羽，体羽以棕褐色为主，兼杂以黑色、棕白色斑块或斑纹，栖息于山地森林、农田、荒野等生境。繁殖期4~7月，多营巢于树洞、悬崖峭壁，几乎无巢材铺垫，窝卵数2~5枚，孵化期34~36天，孵化由雌鸟承担。

雕鸮为国家二级重点保护动物。种群数量基本稳定，但是受草原、森林、农田等区域投毒灭鼠而导致二次中毒事件屡有发生，需加强关注和保护。

5.时迁入林 —— 雀鹰

森林以其复杂、多样的生态功能而存在，林中险象环生，危机四伏，雀鹰当属林中鸟类最大的威胁，也是林间重要的顶级消费者，行动敏捷，视力超强，反应机敏，宛如时迁的“鼓上蚤”。雄鸟体长

雀鹰

31~35厘米，雌鸟体长36~41厘米，是猛禽中的“高低柜”夫妻代表，上体暗灰色，下体白色，胸、腹及两肋具红褐色或暗褐色细横纹，脚和趾橙黄色。一个非常有趣的野外研究实验发现，将一个大杜鹃模型立于枝头，芦苇莺不敢靠近，这是因为大杜鹃腹部的横斑纹与雀鹰相似，而换一个腹部没有斑纹的大杜鹃模型后，芦苇莺就会近身搏击反抗，这充分验证雀鹰在大多数雀形目鸟类心中的阴影面积很大。

雀鹰独居生活，或飞翔于天空，或站立于枝头、电线杆等高处，能轻巧且敏捷地穿梭于林间荒野。它们以小型鸟类、啮齿类、昆虫为食，雌雄鸟的食性略有差异，雄鸟倾向于捕食体型较小的鸟类，如大山雀、山麻雀等雀形目鸟类，雌鸟则主要捕食鸫类和画眉类鸟类。繁殖期5~7月，营巢于林间树枝上，窝卵数3~4枚，孵化期32~35天，雌鸟独自承担孵化任务。

苍鹰

竞争：两种生物生活在一起，相互争夺资源、空间等的现象。

生态位：指在自然生态系统中，一个种群在时间、空间上的位置及其与相关种群之间的功能关系。

6.隐形战神——苍鹰

苍鹰与雀鹰的生态位和空间分布相似，且皆以鸟类为食，但苍鹰远比雀鹰强大，二者必然形成激烈的竞争关系，在同一片森林里，苍鹰甚至捕杀雀鹰，弱肉强食的森林法则无时无刻都在上演。雄鸟体长46~58厘米，雌鸟54~60厘米，上体苍灰色，下体污白色，胸、腹部布满暗灰褐色纤细横斑，脚和趾黄绿色。性甚机警，叫声尖锐洪亮，通常独居，且善隐藏，常隐藏于林间密枝间偷窥猎物，时机成熟以迅雷不及掩耳之势，将猎物狩于爪间。

苍鹰栖息于森林地带，繁殖期4~7

华北豹（红外相机拍摄，周天林、韩亚鹏提供）

月，营巢于高大乔木，巢以树枝和杂草搭建而成，窝卵数2~4枚，孵化期37天，雌鸟全程承担孵化。它还是民族地区训鹰的主要物种，冬季帮主人狩猎，机场驱鸟队也有采用苍鹰进行驱鸟。

苍鹰是国家二级重点保护动物。

7.黑夜梦魇——华北豹

穿梭密林的猛兽，喜欢深夜活动。在漆黑的夜晚或皎洁的月光下，泛着绿光的眼睛，迈着迅捷灵敏的步伐，让整个森林沉浸于无形压力和无尽恐惧之中。

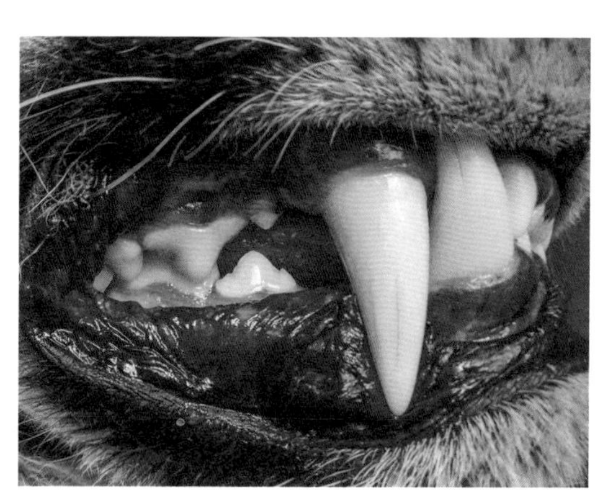

华北豹之捕猎利器（张立勋 摄）

种群：指在一定时间内占据一定空间的同种生物的所有个体。

隔离：生物交配后不能产生可育后代现象。

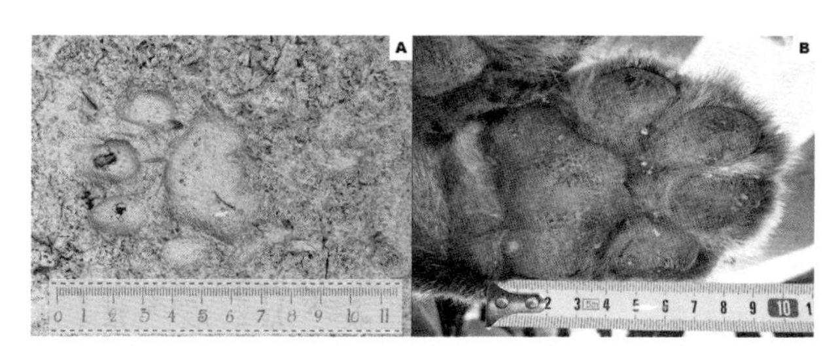

华北豹泥地上留下的左后足印及足掌（张立勋 摄）

华北豹为豹的华北亚种，全身披毛棕黄色，并密布黑色空心圆形斑纹，故称“金钱豹”，典型的森林动物，体能极强，视觉和嗅觉灵敏，性情机警，既会游泳，又善于爬树，食性广泛，性格凶猛。体长150~240厘米，尾长60厘米，头圆耳短，四肢强健有力，四肢足掌具肉垫，行走时无声。2~3龄性成熟，冬季交配，孕期100天左右，胎仔数2~3只。

华北豹在森林“金字塔”的最顶端，也是最出色的猎手，爪可伸缩，是抓地、爬树、捕猎的最强大工具，犬齿发达且锋利，咬合力强，体长攻击猎物的颈部使其窒息而亡。栖息于森林和低山丘陵带，随着气候变化和人类干扰，华北豹种群数量明显下降，表现出斑块化分布模式，导致种群地理隔离严重。华北豹在甘肃主要分布于子午岭、关山一带，2019年在榆中北山监测到华北豹身影。

8.魅惑狡诈——赤狐

赤狐性机警、行动诡秘，活动于森林、草原和荒原等多种环境，属典型的捕食机会主义者。嗅觉发达，生性狡猾，行动敏捷。通常独居，昼夜活动。多以啮齿动物、鸟类为食，见机行事偷食其他食肉动物的劳动成果。

赤狐

赤狐体长60~90厘米，随季节和年龄不同，毛色差异较大，通体以棕褐色为主，耳长且背廓具黑色毛发，腹毛白色或黄白色，尾长且尾端为白色，长而粗的尾巴具有较好的防潮和保暖作用。年繁殖1次，1~2月交配，孕期2个月，胎仔数5~6只，哺乳期短，当年秋季断奶独立生活。

9.白旗卫士 —— 毛冠鹿

小型鹿类，因全身暗褐色，额及头顶具一簇黑褐色冠毛而得名。性胆小多疑，机警灵活，奔跑时将尾高高翘起，尾巴内侧的白毛特别显眼，就仿佛是扯起的小白旗。遇到危险时发出“pu-pu-pu”叫声，逃跑时会停下回头张望，然后再继续逃跑和躲避。

毛冠鹿体色黑褐色，耳缘具白色簇毛，栖息于山峦叠嶂的幽谷地带，以针阔混交林为活动家域，存在季节性沿海拔迁移现象。平日里性情温顺，憨态可掬，但进入秋天交配时节，雄性兄弟们为争夺交配权，便反目成仇，大打出手，利用獠牙相互伤害或用前蹄相互激烈搏斗，不分胜负决不罢休，甚至头破血流，最终胜利者将受雌性青睐，赢得交配机会。当年10~11月交配，竖年3~4月产仔，胎仔数多为1只，偶见2只，产后便能站立行走，一个月后便可独立觅食，善隐蔽。

10.丛林莽夫 —— 野猪

野猪多栖息于森林地带，常出没林缘和农田区域，集小群活动，是森林中与黑熊同等危险的动物。强健的体魄

野猪（红外相机拍摄，张立勋提供）

毛冠鹿

和长长的嘴巴具有很强的攻击性，如莽夫般横冲直闯，且嗅觉灵敏，拱土取食植物的根、茎、叶、芽及土壤动物，庄稼成熟季节会祸害大片庄稼地。

四肢短小，身体强健，颈部粗壮，鬃毛发达，通体以黑褐色为主，雄性上颌犬齿发育为獠牙，呈弧形向上弯曲，雌性较雄性体格为小。发情期10月至竖年1月，交配期存在相互攻击和殴斗现象，一夫多妻制，孕期4个月，胎仔数4~6只，偶见10只以上现象。

近年来杂交野猪产业发展壮大，饲养技术成熟，导致多数区域杂交野猪逃逸而形成野生种群。

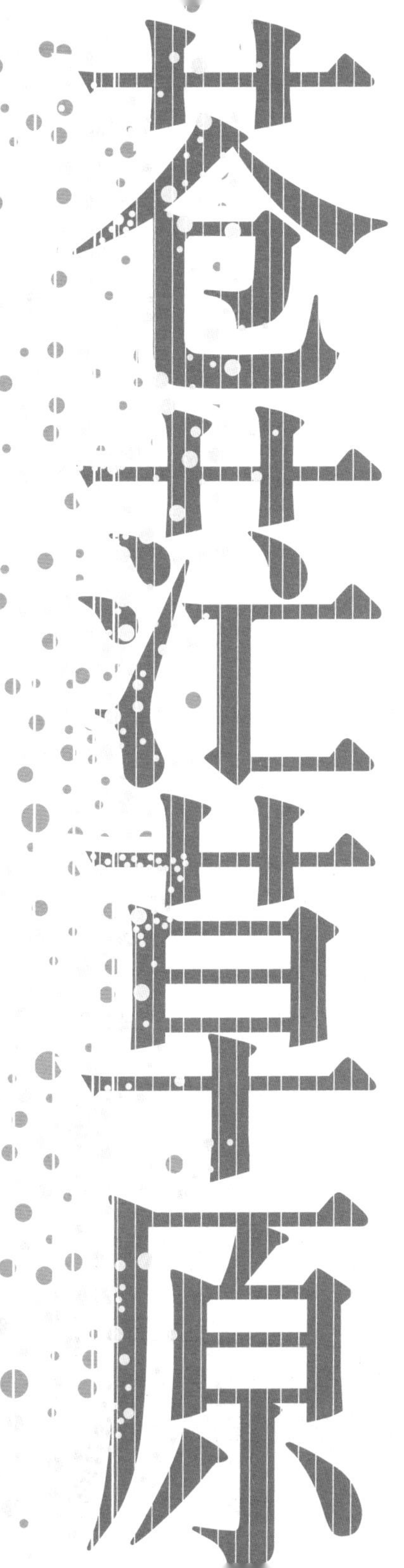
苍茫草原

第三章　苍茫草原

中国是“草”的国度，其总面积为393万平方千米，是我国占地面积最大的植被。同时，草地也是我国最“不畏艰辛”的植被，它多生长在旱、寒和土壤贫瘠之处，只要环境没有严酷到植物无法生长的地方，大多分布着草地植被，它是我国抵御风沙、抗击严寒、保持水土的“先锋”。从卫星图片上看，中国，尤其是占中国2/3面积的中西部地区展现给世界的是一片“黄”色的皮肤，而草地为这片皮肤披上一件薄薄的绿色衣衫。因此，甘肃同样是草的世界，草的海洋。

甘肃狭长的地理版图，跨越了16个经度和11个纬度，是我国三大自然区（东部季风区、西部干旱半干旱区及青藏高原区）的交会处。同时，甘肃地处我国黄土高原、蒙古高原、青藏高原和西秦岭山地的交汇地带。这种地理及气候上的交汇决定了甘肃天然草原过渡性明显、类型多样、区系复杂、牧草种类成分丰富、地域差异性显著等特点，是我国各类草地分布最为集中、丰富的地区。

一、陇上草原

甘肃也是草的世界、草的海洋，全省共有天然草原约18万平方千米，草原面积占全省土地面积的39%，占全国草原面积的4.6%。甘肃草地分布数量和质量出现明显的地域性差异，呈现“东多西少，北差南好”的特点。具体到省内各市州，草原面积占本地区土地面积50%以上的有庆阳、武威、张掖、甘南、兰州、白银6个市（州），最高的甘南为68%；在30%~50%之间的有定西、临夏、金昌；在20%~30%之间的有陇南、酒泉；在10%~20%之间的有平凉、天水和嘉峪关。另外，甘肃草原的“等级”整体并不高，没有反映最优草群品质的I等品质（共5等）草原，而反映最高草地产量的1级和2级草原（共8级）仅占甘肃草地总面积的1%。80%以上的优良草原（II等品质和1~4级产量）分布在甘肃南部的甘南州，其余优良草原多分布在祁连山区的张掖市肃南县和山丹县（引自《甘肃草地资源》，甘肃草原总站编，1999年）。

甘肃省各类草原中以温性荒漠、高寒草甸和温性草原三类草原面积最大，其面积分别为4.7万平方千米、4.3万平方千米和2.6万平方千米，占全省草原总面积的26%、24%和15%；暖性草丛类草原三类合计面积为0.92平方千米，占全省草原总面积的5%；而高寒类草原、荒漠化草原和草甸草原等过渡性草原类却占有一定的比重，其中三类高寒类草原合计占12%，其余三类依次占5.9%、3.9%和4.3%；隐域性低平地草甸和沼泽草原分别占3.6%和0.2%。各类草原面积如下表（引自《甘肃草地资源》）。

表3-1　甘肃省天然草原各草原类面积　（单位：平方千米）

草原类	面积
暖性稀树灌草丛	2 628.69
暖性灌草丛	1 739.32
暖性草丛	4 870.96
温性草甸草原	7 730.68
温性草原	25 957.85
温性荒漠化草原	10 497.97
温性草原化荒漠	7 037.09
温性荒漠	47 059.94
高寒荒漠	189.26
高寒草原	14 797.16
高寒灌丛草甸	6 646.48
高寒草甸	43 171.11
低平地草甸	6 438.99
沼泽	276.50

引自《甘肃草地资源》

二、多样草原

1.暖性草原

暖性灌草丛、稀树灌草丛、暖性草丛等暖性草原发育于暖温带

暖性草原：即暖性草丛草地，指发育于暖温带，年降水量大于600毫米的森林区，森林破坏后，由次生喜暖的多年生中生或旱中生草本植物为优势种，其间散生有少量阳性乔木、灌木，是植被基本稳定的草地类型，其乔木、灌木郁闭度之和小于0.1。

（或山地暖温带），年降水量大于500毫米的森林区，森林破坏后以次生喜暖的多年生、中生或旱中生草本为主，并保留有一定数量原有植被中的乔木、灌木，是植被相对稳定的草地类

暖性稀树灌草丛（赵忠 摄）

暖性灌草丛中的荆条 （潘建斌 摄）

型。暖性灌草丛和稀树灌草丛在甘肃主要分布在天水中南部、陇南中北部、定西南部和甘南东南部，于森林中零星分布或与农田交叉分布。

暖性灌草丛和稀树灌草丛是以喜暖耐旱的禾草，如白草、黄背草和芸香草等为背景上，主要着生以酸枣、荆条、鼠李属和蔷薇属植物等为主的灌木、乔木，常见的植物还有本

暖性草丛——白草群落（赵忠 摄）

暖性草丛（多种禾草）

氏木蓝、三裂绣线菊、杠柳等低矮灌丛。

暖性草丛与灌草丛的区别在于前者草丛中的灌木极少，几乎无株高超过0.5米的木本植物。白草群落是暖性草丛中最常见和分布最广的类型，它常见于干旱的土壤上。暖性草丛在水分条件稍好的地方，则以黄背草群落为主，在水分条件更好的情况下，糙隐子草群落、野古草群落等草丛常占优势。暖性草丛也会含有少量低矮灌木，灌木多以胡枝子属植物和荆条为主。

亚高山草甸——垂穗披碱草草甸（赵忠 摄）

亚高山草甸——杂草草甸（齐威 摄）

2.温性草原

温性草原分布于气候温暖，半干旱，海拔1750~3200米的地带，包括温性草甸草原、温性草原、温性荒漠化草原和其他草原。

温性草原：指分布在温半干旱气候条件下的天然草原生态系统，其生长地湿润度0.3～0.7，年降水量250～400毫米，由多年生旱生草本植物为主组成的草地类型。

温性草甸草原是介于草甸和温性草原之间的草原类型，由于甘肃大多数草原区降水偏少，其低山（低海拔）地段的草地因气温高、水分蒸发量大，多已形成温性草原，而温性草甸草原多分布于较为凉、湿的中山地带（海拔2500~3300米）的亚高山区，因此甘肃省的温性草甸草原多为亚高山草甸草原。亚高山草甸草原有两个亚类型，分别为土壤湿度较高的亚高山草甸和土壤湿度较低的亚高山草原（也叫山地草原）。

亚高山草甸是指林线以下的温性草甸，多是次生植被，呈片段化分布，属于非地带性植被。亚高山草甸区水分充足，并且具有高寒草甸所不具有的高热量特点，草丛高大茂密，生产力高，多为高寒草甸的1.2~2倍，群落种类丰富，多为不可多得的优良牧场。亚高山草甸主要分布在甘南州的中东部地区和祁连山地的中山地带，并与温带森林和灌丛相间分布。从物种组成看，甘南高原东南部的亚高山草甸以宽叶中生杂草为主，间有禾草，高原东北部的亚高山草甸以中生禾草为主。常见的亚高山草甸有垂穗披碱草草甸、羊茅草甸、杂草草甸等。

亚高山草原也属于林线以下的温性草甸草原，并经常与森林和灌丛相间而生。亚高山草原与亚高山草甸的水分条件有明显差异，亚高山草原年降水量为200~450

中温型丛生禾草草原——大针茅草原（齐威 摄）

暖温型丛生禾草草原——长芒草草原（齐威 摄）

中温型丛生禾草草原——克氏针茅草原（赵忠 摄）

中温型丛生禾草草原——西北针茅+芨芨草草原　（齐威 摄）

毫米，亚高山草甸年降水量为400~700毫米。因此，亚高山草原草丛高大稀疏，物种较少，生产力中等，且以牲畜不喜食的硬叶禾草或毒杂草为主，它主要分布在甘肃甘南州的北部地区和祁连山北坡中山地带，包括针茅草原、芨芨草草原和杂草草原。

温性草原是我国北方最主要的草地类型，发育于温带，年降水量250~400毫米，属于半干旱地区，物种以多年生旱生草本植物为主。温性草原是甘肃面积较大、经济价值较高的一类草地。甘肃省的温性草原属于温带丛生禾草草原，以密丛型旱生禾本科草类占绝对优势的禾草草原，草群结构发育完善，生态功能稳定，是与温带半干旱气候最协调的一类草地，也被称为真草原。

密丛型：又称密蘖型，分蘖与不定根自近地面分蘖节或茎节发生，叶鞘往往紧密抱茎，使分蘖与茎平行伸展，形成稠密的株丛。

温带丛生禾草草原以阴山山脉分水岭为界，以北为中温型丛生禾草草原分布区，以南为暖温型丛生禾草草原分布区。大针茅草原为中温型的代表，长芒草为暖温型的代表。甘肃中温型丛生禾草草原分布不广泛，且不集中；暖温型丛生禾草草原分布广泛，主要分布在黄土高原和陇中山地，并在祁连山

温性荒漠化草原——

红花岩黄芪+灰枝紫菀（赵忠 摄）

戈壁针茅（赵忠 摄）

温性荒漠化草原——碱蓬+油蒿（赵忠 摄）

低山区也有大量分布。

温性荒漠化草原是草原向荒漠过渡的一类草原，为温性草原中最旱生的类型，分布在年降水量250~400毫米的干旱、半干旱地区。这类草原主要由旱生丛生小禾草组成，常混生大量旱生小半灌木；植被十分稀疏，物种少，生产力较低。丛生矮禾草、蒿属和小半灌木植物是温性荒漠化草原中的优势植物。甘肃省的温性荒漠化草原主要分布在祁连山和河西走廊过渡带以及白银市北部。

3.高寒草原

高寒草原有4类，包括高寒荒漠、高寒草原、高寒草甸和高寒灌丛草甸。

高寒荒漠又称为高寒垫状矮半灌木荒漠，是以耐高寒、干旱的垫形矮半灌木为主的植物群落的总称，仅出现在青藏高原及其临近的高寒地区。在甘肃

高寒地区：地理学意义上的高寒是指的一种气候特征。它是描述由于海拔高或者因为纬度高而形成的特别寒冷的气候区，该地区无法支撑乔木的生长。

高寒荒漠草原——

垫状驼绒藜+黄花补血草（赵忠 摄）

阿尔泰狗娃花（齐威 摄）

仅有少量分布，主要位于酒泉市的阿克塞和肃北的阿尔金山山区。甘肃高寒荒漠的植被种类主要有高山绢蒿、昆仑蒿、垫状驼绒藜和唐古特红景天等。

高寒草原分布在高山和高原的半干旱地带，是寒性旱生型多年生草本或小半灌木占优势的垂直地带性植被类型。它是在强烈大陆性的寒冷干旱生境中所形成的，一般草丛稀疏、矮小、结构简单、盖度小。在甘肃省，高寒草原一般分布在海拔3500米以上、寒冷、光照强烈、空气稀薄、昼夜温差极大、年降水量150~400毫米的地方，如祁连山区和甘南州达力加山山区。按照水分梯度，高寒草原可分为3类：（1）高寒草甸草原；（2）高寒典型草原；（3）高寒荒漠草原。

高寒灌丛草甸（赵忠 摄）

高寒草甸——典型草甸

图左 禾草草甸/图右 嵩草草甸

（齐威 摄）

高寒草甸——典型草甸

杂草草甸（齐威 摄）

高寒草甸和高寒灌丛草甸是指由适寒冷的中生多年生草本（或混有少量灌木）植物为优势组成的植物群落。它们广泛分布于青藏高原东部，形成独特的高原地带性植被类型。高寒草甸群落和高寒灌丛草甸群落具有覆盖度大、草层低矮、结构简单、生长季节短、生物产量低等特点，植物也具备一系列抗寒耐寒的生物-生态学适应特性。这类草原是甘肃省分布面积较大的草地类型，主要分布在甘南州中西部地区和祁连山区中高山地带，此地带年降水量400~650毫米，集中在夏季。高寒草甸植物的根系盘结，易形成坚实的"地毯式"草皮层，耐践踏。高寒草甸按土壤水分梯度可分为沼泽化草甸、典型草甸和草原化草甸等。

4.其他草原

其他类型的草原，如低平地草甸，是指在非高寒环境的适中水分

低平地草甸——拂子茅（赵忠 摄）

条件下发育起来的以多年生中生草本为主体的植被类型。其分布生境大致有两类：一类是在山地，它们主要出现于山地森林带内，多占据林缘、林间空地和反复遭受火烧或砍伐的森林迹地，并可在森林区向草原区的过渡地段形成具有地带意义的森林草甸带；另一类则是非沼泽化和非盐渍化的沟谷、河漫滩等低湿地段或短时间浸水的泛滥地。

低平地草甸在甘肃分布较广，以禾草草甸为主，几乎遍布甘肃各市州，但整体而言南多北少。河西五市和陇中四市州内该类型草甸数量较少，且每块面积较小，多在5平方千米以下。甘肃南部的五市州内该类型草甸数量较多，且有大块草甸分布。

高山稀疏及垫状植被是高山垂直带谱中分布海拔最高的一个类型，植物种类稀少，群落盖度极小，是介于植被带与永久冰雪带之间的一类稀疏群落。只能生长适应冰雪严寒生境

高山稀疏及垫状植被——

甘肃雪灵芝（齐威 摄）

垫状点地梅+高山嵩草（齐威 摄）

的寒旱生或寒冷中旱生的多年生轴根性杂类草和垫状植物。这类植被呈块状不连续分布，群落内物种主要有渐尖早熟禾、甘肃雪灵芝、青藏雪灵芝、垫状点地梅、唐古特红景天、小丛红景天、高山嵩草和多种葶苈。

三、五彩缤纷饰草原

露蕊乌头（潘建斌 摄）

在甘肃近4400种的种子植物中，超过95%的为野生种子植物，其中木本野生种子植物约1300种，其余约3000种野生种子植物为草本植物。这些草本植物中，有近1/4的物种具有花色艳丽、花朵硕大、花形奇异、具香气等特点，是绝佳的野生观花植物。花草本是牵情之物，一些观花植物与有些民族的历史故事和民间传说有关，有深厚的文化内涵，观赏这些植物可以提高人们的生活常识和人生品味，同时也是人们认知植物的钥匙，有助于提高人们的文化底蕴。

1.毁誉参半的精灵——乌头

乌头，古名附子，在古代被医学科学家用作药材，具有很大的医学价值，乌头是著名的强心剂、麻醉剂和治疗风湿和心脏病的配药。附子有毒性，也被称为五毒根。有记载，在东汉末年，关羽在一场战争中被毒箭射中，这种箭毒的成分就是附子，直到名医华佗刮骨疗伤才治好了关羽的箭毒。因此，乌头既可以拯救人类，也可以伤害人类，所以乌头是一个让人又爱又恨的植物。乌头属是第三纪时的极地植物，随冰川期从西伯利亚传播到欧洲、亚洲和美洲，隶属于毛茛科，有350多个种，我国约为167种，甘肃约有30种。乌头的花大而漂亮，呈蓝色、紫色、白色或黄色；萼片5个，花瓣状，上面一片大而呈帽状或头盔状，仿佛乌鸦的头，因此称为乌头。

2. “四君子”之一——兰花

作为“四君子”之一，兰花以其高贵、幽静、冷艳、清香的特点而闻名于世，古代很多文人墨客或志存高远之士尤爱兰花。宋代苏轼在其诗作《兰》中写道：“本是王者香，托根在空谷。先春发丛花，鲜枝如新沐。”描写了兰花的高贵、清幽和馨香。古人也说：“与善人居，如入芝兰之室，久而不闻其香，即与之化矣。”将兰花比拟为君子，以自身的优良品德感染世人。康熙皇帝在其诗作《咏幽兰》中赞美了兰花的美丽和洁身自好，该

绶草（齐威 摄）

大花杓兰（陈学林 摄）

诗曰："婀娜花姿碧叶长，风来难隐谷中香。不因纫取堪为佩，纵使无人亦自芳。"张学良也独爱兰花，他认为兰花有着淡雅的色彩，灿烂而美丽，给人带来一种幽静、清淡的花香，冷艳而芬芳，并用诗句"长绿斗严寒，含笑度盛夏"来形容它的品德高洁。

广布红门兰（陈学林 摄）

叉裂角盘兰（赵忠 摄）

凹舌兰（潘建斌 摄）

兰科是被子植物第二大科，全科约有700属20000种，我国有171属1247种。尽管如此，兰科植物并不像其他大科，如菊科、豆科、禾本科、伞形科和蔷薇科等，具有广泛的分布范围和多样的生存环境。不少兰科植物仅能生存在幽静、湿润、阴暗、没有干扰的环境中，并且仅能生长在很狭窄的地段，一些极端的情况是某些兰花仅能生在某一个山沟的某个独特的生境中，且整个物种仅有一个种群的几十个植株，当该生境遭到破坏，物种便会灭绝。因此，很多兰花是国家一级保护植物兼濒危植物，其稀有程度超过大熊猫和金丝猴。甘肃野生兰科植物较少，约50种，主要分布在陇南山区，且多为广布的物种，如春兰、蕙兰、杓兰、凹舌兰、红门兰和白芨等。

3.爱的使者——鸢尾

鸢尾，别名乌鸢、扁竹花、屋顶鸢尾、蓝蝴蝶、紫蝴蝶、蛤蟆七、蝴蝶花，是鸢尾科鸢尾属植物的统称，该属共有植物约300种，中国约有60种，主要分布于西南、西北和东北地区。鸢尾花娇艳而美丽，外形如翩翩起舞的蝴蝶，又如鸢鸟的尾羽，色彩斑斓，多种多样，是著名的观赏花卉与插花植物。它仿佛是下凡到人间的女神，蕴含着无限的神秘，令人为之深深着

《鸢尾花》(油画作品)

该画作由荷兰画家梵高创作于1889年5月，于1987年11月以5390万美元被美国加州保罗盖兹美术馆拍得，被视为全世界最昂贵的名画之一。

马蔺（齐威 摄）

锐果鸢尾（齐威 摄）

卷鞘鸢尾（陈学林 摄）

迷。鸢尾花在中国常用于象征爱情和友谊，在爱情里面，鸢尾花代表恋爱使者，寓意长久思念。欧洲人更加迷恋鸢尾，古希腊人觉得鸢尾犹如天边的彩虹，所以给它取了与彩虹女神一样的名字“Iris”，象征幸福圣洁。希腊人认为彩虹女神的主要任务是将善良的人的灵魂带回天堂，因此希腊人常常在墓地前种植此花。同时，鸢尾是法国和阿尔及利亚的国花，是法国王室的象征，并画入法国的国徽里，法国人认为它象征着光明和自由。在古代埃及，鸢尾花是力量与雄辩的象征。

甘肃省分布最广的鸢尾属植物为马蔺，俗称马兰花。马蔺具有独特的生态价值，其用特有的紫色装扮着茫茫河西戈壁以及浩瀚无垠的甘南和祁连山的草原，是这些地区防风固沙和保持水土的主要物种。

4.自由之花——翠雀

翠雀，别名鸽子花、百步草、鸡爪

细须翠雀花（潘建斌 摄）

蓝翠雀花（潘建斌 摄）

白蓝翠雀花（陈学林 摄）

川甘翠雀花（齐威 摄）

连，是毛茛科翠雀属植物的统称，该属共有植物约300种，中国约有113种，全国各地均有分布，但主产地为西南和西北地区。翠雀是一种美丽的花，其花为深邃的蓝色，花型奇特，有上翘的长距，似翘着尾巴展翅欲飞的雀鸟一样。其花蜜藏于长距中，只有长吻昆虫才能采得到蜜，这样可以节省蜜源，并保证异花传粉的效果。因为翠雀花像飞鸟一样，在国内外的民间传说中，其都象征着正义和自由，反映出人们对自由和平生活的渴望和向往。

密花翠雀花（潘建斌 摄）

5.百年好合——百合

如果要找到一个花型高贵、大方、漂亮，并且具

山丹（齐威 摄）

宝兴百合（陈学林 摄）

有很好听的中文名的植物，那就非百合莫属。百合寓意“百年好合”，象征美好家庭、伟大的爱和深深的祝福。同时不同颜色的百合花还代表高贵、洁白无瑕、万事顺利、心想事成等含义，因此，无论在中国还是国外，都是馈赠亲友和举办婚礼的必用花卉。实际上，百合并不止是一种植物，它是百合科的一个属，该属共有植物109种，中国有55种。百合属中约有20种被开发成观赏花卉，剩余大多数植物多生长在各类草地之中。在甘肃，野生百合属植物约6种，主要生在温性草地和灌丛草地中。

6.草原上的幸福花——格桑花

格桑花又称为格桑梅朵，在藏语中，“格桑”是“美好时光”或“幸福”的意思，“梅朵”是花的意思，所以格桑花也叫幸福花，长期以来一直寄托着藏族人民期盼幸福吉祥的美好情感。在藏族文化中，格桑花来源于一个美丽的神话传说。相传，“格

钉柱委陵菜（齐威 摄）

金露梅（潘建斌 摄）

毛茛状金莲花（刘坤 摄）

蕨麻（齐威 摄）

矮金莲花（潘建斌 摄）

桑”本来是藏族诸神中掌管人间疾苦和幸福的天神，由于人类的贪婪和无知，肆意滥杀草原上的生灵，激怒了上天，于是上天就派“格桑”天神来人间惩罚人类，“格桑”到人间后发现，长期的战争已使这片大地失去生机，到处瘟疫肆虐，于是，天神违背了天命，帮助人类战胜瘟疫，给人类改过自新的机会。人类为了纪念这位天神，便用人间最美丽、最幸福的事物，也就是格桑花来纪念天神。

格桑花具体为何种植物并没有统一的认识。格桑花并不特指某种花，而是一类花的统称，广义上说，格桑花极有可能是高原上生命力最顽强的野花的代名词；狭义上讲，指那些草原上黄色的、闪耀出明亮光芒的花朵，比如毛茛状金莲花、云生毛茛、金露梅、蕨麻、钉柱委陵菜等，都可以称为格桑花。“格桑”也指美好的时光，格桑花也是取这种象征，这些花明亮的颜色如同阳光一般灿烂温暖，人们看到这些闪烁着如太阳般亮黄色的花朵，便会感觉到欣喜、快乐，所以很多藏族女孩会取名格桑梅朵，意指美丽、美好。

7.神圣之花——火绒草

火绒草，又叫雪绒花，菊科火绒草属植物，是藏族古老文化中的神圣之花，也是奥地利国花，通常生长在高海拔地区，能够在恶劣条件下顽强生存。火绒草属约有56种，主要分布于亚欧大陆的寒带和温带地区的山地，我国有

银叶火绒草
（陈学林 摄）

薄雪火绒草
（陈学林 摄）

矮火绒草（齐威 摄）

戟叶绒草（齐威 摄）

40余种，集中在我国西部和西南部地区。从前，奥地利许多年轻人冒着生命危险，攀上陡峭的山崖，只为摘下一朵高山火绒花献给自己的心上人，因为奥地利人认为只有高山火绒花才能代表为爱牺牲一切的决心，因为野生的高山火绒花生长在条件艰苦的高山地区，常人难以得见其美丽容颜，所以见过高山火绒花的人都是英雄。在甘肃甘南高原和祁连山区，火绒草是长在牧场里的可爱植物，它们通常集群生长，整齐地长在草地上，像一片白茫茫的地毯。火绒草在藏语里叫“Ba（吧）”，对藏族人民来说，用途很广，它是做藏药、藏香的原料，其花绒拧成条，也可做成酥油灯的灯芯。

8.妈妈般的温暖——羊羔花

“羊羔花盛开的草原，是我出生的地方，妈妈温暖的羊皮袄，夜夜覆盖着我的梦。”当歌手亚东深沉而又多情的嗓音响起，人们不禁就想起了妈妈那无私的爱。羊羔花是草原上的

西伯利亚蓼（陈学林 摄）

珠芽蓼（潘建斌 摄）

圆穗蓼（潘建斌 摄）

爪瓣虎耳草（潘建斌 摄）

蓼属植物，它们开花的季节刚好是小羊羔可以在草地上吃草的时候，尤其是圆穗蓼、珠芽蓼这些在草原上开得比较早又比较饱满的植物，为小羊羔提供了优良可口的食物，如羊妈妈般温暖地呵护着小羊生长。所以，藏族人亲切地称之为羊羔花。另一种说法是，母羊生产后所遗胎盘落在草地上，就变成了如羊毛般白色的花朵，因而被称为羊羔花。

9.老虎的耳朵 —— 虎耳草

虎耳草中文名的由来已经不可考了，大体而言，有两种解释：一是分布最广，为大家最为熟知的虎耳草属植物虎耳草有大而尖像蒲扇状的叶子，叶子上还有浓密的长绒毛，像老虎的耳朵；二是虎耳草属植物花的雌蕊部分有两个斜向外突出的花柱，很像老虎的一对耳朵。

山地虎耳草（齐威 摄）

黑蕊虎耳草（陈学林 摄）

狭瓣虎耳草（齐威 摄）

虎耳草的拉丁学名也非常奇妙，其直译过来竟然是“割岩者”，这是因为虎耳草喜欢生长在山上背阳面的岩石裂缝处，就好像能把岩石割开一样。因此，虎耳草被视为坚韧、持久的化身，寓意着那些看似渺小的人，却性格坚强，百折不挠，耐性超强，能够持之以恒，慢慢累积成伟大的成就。沈从文在《边城》中也多次提到了虎耳草，它代表着翠翠那种纯真而又坚定的情感和精神寄托。事实上，虎耳草属植物不止有虎耳草这一种植物，它有400余种植物，分布于北极以及北温带和南美洲（安第斯山）的高山地区。我国有203种，主要分布在西南和青海、甘肃等省的高山地区。甘肃的虎耳草属植物约30余种，它们与高山植物相邻而生，共同点缀着美丽的草原。

10.高原的颜色——龙胆

青藏高原是世界“第三极”，其上发育着许多独特而又美丽的植物，在这些植物中，为青藏高原所独有且最能反映青藏高原植物特点的植物非龙胆莫属。龙胆属大约有400余种，中国有

管花秦艽（陈学林 摄）

粗茎龙胆（齐威

麻花艽（齐威 摄）

短柄龙胆（齐威

线叶龙胆（赵忠 摄）

刺芒龙胆（陈学林 摄）

近250种以上，主要分布于西北和西南的高山地带。龙胆的藏语叫“邦锦梅朵”，它是青藏高原上的著名花卉，从欣赏和生态分布的角度上来说，龙胆、报春、绿绒蒿、杜鹃被称为高原上的四大花卉。龙胆是其中分布最广、种类最多的一类，该属多种植物也是常用的藏药原料（如秦艽，藏药八大原材料之一）。龙胆还是我国著名的山地天然花卉，它与山茶花、杜鹃花、报春花、百合花、玉兰花、兰花和绿绒蒿被誉为中国八大天然名花。

龙胆花大都是紫色或蓝色的，这和高原上强烈的日照是分不开的，高原上强烈的紫外线照射，使高原上分布的植物大多偏爱蓝色，而龙胆就是其中典型的代表。一般而言，单个龙胆花的个头并不大，但在甘南高原上，很多龙胆经常集群生长并同时开花，在龙胆花盛开的时候，各色各样的龙胆如星星般铺满了整个草地，使得草地就像一张天然的五彩斑斓的地毯铺在高原上。

11.高山圣者——雪莲花

雪莲花，藏语称“恰果苏巴”，主要指菊科风毛菊属多肉植物，因其顶形似莲花，故得名雪莲花，简称雪莲。雪莲属珍贵的药用花卉植物，可全草入药，含有挥发油、生物碱、黄酮类、酚类、糖类、鞣质等活性成分，具有除寒痰、壮阳补血、暖宫散瘀、治月经不调等功效。另外，雪莲对治疗肾虚腰痛、祛风湿、通经活血等症有明显效果。雪莲多生长在海拔4000米以上高山雪线附近的岩缝、

水母雪莲花（王玉金 摄）

石壁和冰碛砾石滩中，遗世独立，桀骜不训。因此，雪莲这个名字本身就代表着纯净与自然，意为不怕风雪、质朴、纯净，犹如圣者一般。

雪莲花有一个凄惨而壮丽的爱情传说。很久之前，有个美丽的姑娘叫作古尔洁罕，有一天她遇到狼群，而她被一位叫作塔依尔的男子救下，之后两人就相爱了。当两人准备结婚时，天空中忽然出现了乌云，还伴随着狂风，等恢复宁静的时候新娘不见了。塔依尔就决定去找回古尔洁罕，在路上遇到了一个老婆婆，这位老人也被塔依尔救助过，她告诉塔依尔，古尔洁罕是被魔鬼抓走了。当塔依尔找到魔鬼后，两人在一起搏斗很久，最后塔依尔力竭被害。当魔鬼告诉古尔洁罕后，她施计用石头将魔鬼砸死了。之后，古尔洁罕十分悲伤，就碰死在山崖上面，她洒在山崖上的鲜血后来变成了种子，生长成了雪莲花。

风毛菊属中可称之为雪莲花的多肉、莲座植物约20种，但真正有药用价值并被广泛应用的雪莲花主要有3种，分别是绵头雪莲花、大苞雪莲花和水母雪莲花。著名的天山雪莲就是大苞雪莲花，另外两种雪莲的药用价值接近大苞雪莲花。

四、猛禽萌兽护草原

1.高明猎手——大鵟

大鵟（kuáng）是北方草原地带常见的一种中型猛禽，在山地、林缘以及开阔的草原都有它的身影。甘肃省，鵟属鸟类还有棕尾鵟和普通鵟，不过它们的体型均比大鵟小——大鵟的翅长超过48

厘米，这意味着它在空中展开双翅时体长轻松超过一米。它飞翔能力强，捕猎本领非同一般，尤其是它在空中有各种各样的飞行方式，如：直线飞、斜垂飞、树间飞、短距离跳跃飞、长距离滑翔飞、低飞而转斜垂上树飞等。

大鵟有一套十分高明的捕蛇技巧：当它用双脚捕获到蛇时，通常带着蛇飞到300米以上的空中，这时蛇往往会奋力抵抗，试图向上缠绕大鵟的双脚，而大鵟会突然伸直双腿和脚爪，将蛇松开，使其下落一段距离，然后向下俯冲再次用双爪牢牢的抓紧猎物，这样重复数次后，蛇逐渐失去了抵抗能力，这时大鵟才把蛇带到地面，静静地享受自己的战利品。

大鵟作为猛禽，是食物链上的顶级物种，守护着草原生态系统的平衡。它对环境的变化特别敏感，种群数量曾一度受草原捕鼠和人类捕猎的影响，面临着灭绝的风险。大鵟是国家二级保护动物，需要政府以及社会各界的关注与保护。

大鵟（张立勋 摄）

2.草原霸主——野猫

在广阔无垠的草原上，有一种凶悍的小型猫科动物——野猫。体长约90厘米，尾长为体长的一半，体重8千克，比家猫大。在中国西北部干旱草原上，野猫与其他两个猫科近亲很好区分：一种是兔狲，皮毛较厚，身材矮胖；另一种是荒漠猫，其体型巨大，有红色的耳簇毛。

虽体型较小，但其凶悍程度丝毫不逊色。即便是草原狼也不敢轻举妄动，几乎没有什么动物敢招惹它。它领域行为极强，成年野猫家域面积相当固定，通常在自己的领地内进行捕食。繁殖季节为了获取交配机会，就有意无意地去别人的领地"闲逛"了，寻觅心仪的"娘子"繁衍后代。

领域行为：动物保卫领域的方式有很多，比如以鸣叫、气味标志或特异的姿势向侵入者宣告具有领主的领域范围，以威胁或直接进攻驱逐入侵者等，称为领域行为。

野猫（疑似）

3.闪电毛球 —— 斑翅山鹑

在西北广袤的草原上，有一种灰褐色的鹑类，常出没于各种各样的灌丛、草地。它体型小巧，身上有排列整齐的栗色横斑，在灌丛与草丛中自由的穿梭，它就是斑翅山鹑，俗名“斑翅子”。

它们多以家族成群活动，并占有一定面积的领域，如领地有入侵者，那肯定不会视而不见，如果不能驱赶走外来户，就一定少不了一场激烈的搏斗。斑翅山鹑善于奔跑和隐匿，但不善于飞行，只有在遇到紧急危险时才会起飞，且飞行距离只有50~100米。斑翅山鹑动作敏捷，但似乎头脑有些不灵活，平时遇到危险时，它首先是静立不动，然后好奇地探头探脑，观察周围，直至危险将至时，才会做出相应的对策，钻进附近的草丛或林子里。

斑翅山鹑（马堆芳 摄）

4.藏匿高手——大石鸡

在我国西部干旱区有一种雉科鸟类为中国特有种，名为大石鸡，是中国特有鸟类。虽然名字简单，但它本身却给人一种清秀之感，尤其在它的眉宇之间——眼睛上方有两圈黑色的眉纹，外圈栗褐色，内圈黑色，眼周绯红色，尽显潇洒。

大石鸡属典型的荒漠陆禽，多集小群活动，善于奔跑与藏匿，面对危险有其独特的应对方案：当发现有危险时，便快速四下散开，朝不同方向逃窜，各自藏匿于土块、草丛或岩石旁，因其体色极具保护色，天敌很难发现。如果是成鸟带领雏鸟，成鸟在快速逃亡过程中，会果断做出牺牲——以自己为诱饵，向雏鸟相反的方向逃跑，以吸引敌人的注意力，从而保护雏鸟，充分体现出爱的伟大和无私。

大石鸡（张立勋 摄）

藏狐（李季 摄）

5.脸大胆肥——藏狐

在青藏高原地区，有一种狐狸还真配不上“狐狸精”的“美喻”，它圆滚滚的脑袋，胖乎乎的脸蛋，肥墩墩的身体，与本家亲戚们相比的确有些自愧不如，因此被大家戏称为“大脸狐”。它就是藏狐，体重约4~5千克，身披密而蓬松的毛发，以适应海拔较高的高原地带，以啮齿动物为食。说到它的猎物，有一种动物不得不提，那就是喜马拉雅旱獭。藏狐捕食旱獭可以用“赶尽杀绝”来形容，即，吃掉它们的肉，霸占它们的洞穴，导致旱獭无家可归，子嗣尽怠。2019年，英国野生动物摄影年赛中我国摄影师鲍永清在祁连山国家级自然保护区的草地上拍下藏狐与喜马拉雅旱獭的邂逅瞬间，获得年度总冠军并授予鲍永清“年度野生生物摄影师奖”。

6.草原祸魁——高原鼠兔

如果你第一次到高原，一定会注意到这里的高山上到处都是洞穴，如果你运气好的话，也许就会在洞口看到它的主人——高原鼠兔。高原鼠兔是青藏高原的特有种，具有黑黑的嘴，小而圆的耳朵，圆滚滚的身材，灰褐色的体表。

高原鼠兔终生营家族式生活，穴居，这也是为什么在同一片山坡上会有许多密集洞口的原因。鼠兔的洞穴十分有趣，从外边看起来是一个一个简单的洞口，而实际上，它们的洞穴深藏玄机。它们的洞口前常有光秃秃的跑道，而在地下，各个洞穴又被洞道相连，洞系分为临时洞与冬季洞。

高原鼠兔在高原上是一种一直以来不被人们欢迎的物种，因为人们认为它们与家畜争夺草场，所以在青藏高原的许多区域人们都投放了灭鼠的毒药。实际上，鼠兔不但不是危害草场的罪魁祸首，还是青藏高原的关键种，它们对维护青藏高原生物多样性和生态平衡都起到了十分重要的作用。它们的洞穴可以为许多小动物提供遮风挡雨的场所，也是“天然如厕之所”，滋养了植物，从而为植物的多样性提供了条件。

关键种：对群落结构和功能有重要影响的物种。这些物种从群落中消失会使得群落结构发生严重改变，可能导致物种的灭绝和多度剧烈变化。

生物多样性：生物及其环境形成的生态复合体以及与此相关的各种生态过程的综合，包括动物、植物、微生物和它们所拥有的基因以及它们与其生存环境形成的复杂的生态系统，通常包括遗传多样性、物种多样性和生态系统多样性。

生态平衡：指自然生态系统中生物与环境之间，生物与生物之间相互作用而建立起来的动态平衡联系。

高原鼠兔（张立勋 摄）

7.鸟鼠同穴——白腰雪雀

有一种十分“懒惰”鸟儿，名为白腰雪雀。它懒到什么程度呢，就连住的地方都要蹭别人的房子——鼠兔的洞穴，有时甚至筑巢在人类废弃的房屋墙洞上。

也许是因为长相比较清秀，所以即使白腰雪雀时常出入于鼠兔的洞穴，也很少遭到鼠兔的攻击或者驱赶，所以常常被人们

白腰雪雀（张立勋 摄）

称作“兔鼠同穴”。但事实上，它们通常筑巢的地方往往是鼠兔的废洞和盲洞，因此也可以算上“废物利用”了。

白腰雪雀的求偶行为十分有趣，在求偶期间，它们会炫耀自己精妙的舞技，并且是边跳边唱，歌声像击鼓一般。

8.雪猪非猪 —— 喜马拉雅旱獭

喜马拉雅旱獭，身体棕黄褐色，脑袋滚圆，从鼻尖到两眉间再到两耳间有黑色三角区，耳小尾短，体型粗壮而肥胖，当地人称之为“雪猪”。营洞穴群居生活，洞道复杂，功能齐全，但对草场有很大破坏性，洞口附近挖出的土，形成较大的土丘。由于挖洞较深，常把沙石块翻出而覆盖草场。从草、昆虫、粮食、小型啮齿动物、爬行动物等为食。为应对高原低温缺氧环境，旱獭进化出冬眠行为。

喜马拉雅旱獭（张立勋 摄）

藏雪鸡（红外相机拍摄，张立勋提供）

喜马拉雅旱獭为青藏高原特有种，是鼠疫的主要中间宿主，会危害人类健康，是区域鼠疫预防的重点监控对象。

9.冰川来客——藏雪鸡

藏雪鸡广泛分布在青藏高原及周边的第三极区。头部全为灰色，耳后有白斑，棕褐色的羽毛与所栖息的高山裸岩区的颜色近似，胸与腹均呈白色而具黑纹。它们栖息在冰川和雪线附近，以植物叶、芽和昆虫为食。善跑不善飞，喜欢集群活动以防御敌害。在群体中如果一只鸟最先发现敌害，会立即发出信号，整个鸡群随即逃离。金雕、雪豹等是其最主要天敌。尽管如此，它们仍然在寒冷贫瘠的高原地带顽强生存。

第四章

浩瀚荒漠

第四章　浩瀚荒漠

“大漠孤烟直，长河落日圆”。当太阳落入那沙海之时，荒漠中的旋风如“孤烟直上”一般，这便是我们对于荒漠的第一印象。大漠漫漫，虽有其瑰丽壮美的地方，但严重的土地荒漠化、沙化如同已上膛的手枪，给我们带来莫大的威胁。经过一代代人的努力奋斗，我国的荒漠化防治工作取得了非常显著的效果，然而防治治沙的工作仍然十分艰巨。因此，正确认识荒漠，对荒漠化进行科学防治，对于构建中国北方绿色生态屏障，实施“一带一路”发展战略和生态文明建设具有重要意义。

一、陇上荒漠

荒漠通常指干旱或高寒气候条件下形成的地表植被稀疏或裸露的地理景观，是中国北方重要的生态系统类型之一，约占中国陆地总面积的五分之一。以气候因子为分类依据，甘肃省的荒漠可分为河西走廊分布的温带荒漠和西祁连山分布的高寒荒漠两种类型，并以温带荒漠为主。

温带荒漠以物质为分类依据可分为岩漠、砾漠、沙漠、盐漠、泥漠、土漠六类；以植物组成为分类依据又可分为小乔木荒漠、灌木荒漠、半灌木荒漠、盐生小半灌木荒漠四类。高寒荒漠是由于气候寒冷，引起植物生理性干旱而形成的荒漠类型。高寒荒漠的植物种类以旱生型为主，多呈垫状，植物群落盖度很小，有风化的碎石滩间杂其中，它主要分布在祁连山的疏勒南山和党河南山，海拔约为3900~4300米。

岩漠、砾漠、沙漠、盐漠、泥漠、土漠：基岩裸露的山地称为石漠或岩漠，以大块砾石为主称为砾漠或戈壁，以小粒径沙粒为主的称为沙漠，以各种盐类成分、黏土、黄土为主的称为盐漠、泥漠、土漠。

高寒荒漠根据海拔可分为高山高寒荒漠和极高山高寒荒漠两类。

根据甘肃省第五次荒漠化和沙化监测结果，全省有沙漠、戈壁和荒漠化土地面积达19.5平方千米，占全省土地总面积的46%。全省沙化土地面积12.17平方千米，占全省土地总面积的29%，其中流动沙地（丘）面积1.85平方千米，占全省沙化土地总面积的15%；半固定沙地（丘）面积1.34平方千米，占全省沙化地总面积的11%；固定沙地（丘）面积1.75平方千米，占全省沙化地总面积的14%；戈壁面积6.95平方千米，占全省沙化地总面积的57%。

二、漫漫荒漠

1.悠远辽阔的壮美沙漠

甘肃省民勤县被腾格里沙漠和巴丹吉林沙漠两大沙漠所包围。

民勤县西部，属于巴丹吉林沙漠，它是中国的第三大沙漠，同时也是世界上起伏最大的沙漠之一。巴丹吉林沙漠的绝大多数区域是流动沙丘，占沙漠总面积的60%以上。这里的沙丘，时而平缓，时而曲折，呈波浪状，宛如大自然的曲谱。在这些沙丘的间隔地带，分布着一百多个内陆湖泊，最大胡泊面积约为1~1.5平方千米，最大水深约为6.2米。高大起伏的沙丘，静谧透澈的湖泊，成为巴丹吉林沙漠独特的迷人景观。2005年，巴丹吉林沙漠被《中国国家地理》“选美中国”活动评选为“中国最美的五大沙漠”第一名。民勤县东部，则是中国的第四大沙漠——腾格里沙漠，“腾格里”在蒙古语里读做“Tengri”，在蒙古族民间的宗教里，腾格里神（天神）是最高的神，是整个世界的主宰，这足以说明这片沙漠的圣洁与高贵。沙丘、湖盆、山区和平地等多种地貌在腾格里沙漠交错排布，这里不仅是许多鸟兽的栖息地，人类也在这里播下轮回的种子。

2.鬼斧神工的雅丹地貌

经过长期的风力侵蚀，土地形成了由一系列平行的脊和沟组成的特殊土质结构，这种地貌称为雅丹地貌。雅丹地貌形成的地

质条件有两个：一是湖相沉积形成的地层为其地质基础，二是强风流水为其外力侵蚀。这种地貌具有重要的科学研究和观赏价值。甘肃的雅丹地貌主要分布在敦煌等地，2001年，国土资源部在此批准建立了“甘肃敦煌雅丹国家地质公园”，这里的雅丹地貌千姿百态、造型奇特，是一座罕见的天然雕塑博物馆，“灯塔”“教堂”“城墙”“桥梁”，一件件“雕塑作品”形象生动，惟妙惟肖，堪称大自然鬼斧神工、奇妙无穷的天然杰作。

雅丹地貌

3.色彩斑斓的彩色丘陵

彩色丘陵是一种由水蚀、风蚀以及崩塌共同作用而形成的地质形态，由于其风化形态呈丘陵状，呈现出绚丽多姿、五彩缤纷的特点，这种地貌被命名为“彩色丘陵”。在甘肃的彩色丘陵中，张掖彩丘最负盛名，这是中国干旱地区最典型和面积最大的彩色丘陵景观，成片的彩色丘陵如同七彩的晚霞。张掖彩色丘陵的分布规律主要受到这里岩石性质的影响，形成环状结构，分布在梨园河两岸，处于丹霞地貌的怀抱之中。“物华天造，七色若织女所补；虚空福地，彩虹系女娲炼铺”，更是彰显出张掖的彩丘景观是多么令人赞叹!

丹霞地貌：红色砂砾岩在差异风化、重力崩塌、侵蚀、溶蚀等综合作用下形成的城堡状、宝塔状、柱状、针状、棒状、方山状或峰林状的地貌。

彩色丘陵（赵长明 摄）

茫茫戈壁

4.荒凉萧瑟的茫茫戈壁

戈壁是干旱气候条件下荒漠的一种类型，地面主要覆盖着砾石和粗砂。戈壁地区气候干燥，植被稀少，只有矮生灌木和耐碱草本生长。构成戈壁的砾石是古河流的冲积物或洪积物等，也有基岩风化后的残积物。“轮台九月风夜吼，一川碎石大如斗，随风满地石乱走。”不难看出，在古代诗人的眼中，戈壁就是风与石的圆舞曲，是大自然的赞礼。甘肃的戈壁主要分布在河西走廊西端，这里的戈壁类型多样，分布范围广。然而就在这戈壁深处，却保留着中华文化的艺术宝库——敦煌莫高窟，堪称为戈壁滩上的文化奇迹。

三、荒漠化防治

荒漠化是由于干旱少雨、植被破坏、大风吹蚀、流水侵蚀、土壤盐渍化等因素造成的大片土壤生产力下降或丧失的自然（或非自然）现象。荒漠化被称为“地球的癌症”，最终结果大多是沙漠化，中国是世界上荒漠化严重的国家之一。

荒漠化防治以防为主，保护并有计划地恢复荒漠植被。中国历来高度重视荒漠化防治工作，并取得了显著成就，为推进美丽中国建

荒漠化：荒漠化是指包括气候变异和人类活动在内的种种因素造成的干旱、半干旱和亚湿润干旱地区的土地退化过程。

荒漠化土地（李亚鸽 摄）

设做出了积极贡献。每年的6月17日是“世界防治荒漠化和干旱日”，2019年，我国把这一纪念日的主题定为“防治土地荒漠化，推动绿色发展”。同年7月27日，第七届库布其国际沙漠论坛在内蒙古自治区鄂尔多斯市举办，国家主席习近平致贺信。习主席在贺信中指出，荒漠化防治是关系人类永续发展的伟大事业。

1.荒漠化防治成效

甘肃省地处西北内陆腹地，严重的土地荒漠化和沙化，破坏生态环境，加剧贫困，危害社会稳定，已经成为全省经济社会可持续发展的心腹之患。自20世纪50年代起，甘肃就迈出了防沙治沙的步伐，治理规模和水平处于全国前列。甘肃防沙治沙坚持分类布局、分区施策、带片网结合、造封管结合、乔灌草结合，不断加大治沙造林和农田防

人工梭梭林（李亚鸽 摄）

护林建设力度，使得沙区有林地面积逐步扩大，林草植被资源量较快增加，显著提高了治沙效果，已治沙化土地5万平方千米。仅“十二五”期间，甘肃共完成沙化土地治理面积45.82万公顷。

截至2014年，全国第五期荒漠化和沙化监测数据显示，甘肃省荒漠化土地面积为19.5万平方千米，与2009年第四期监测结果相比，荒漠化土地总面积减少1900平方千米。其中酒泉市荒漠化土地面积减少最多，达到了800平方千米。其次是兰州市、白银市和武威市。目前，全省荒漠化呈现面积减少、程度降低的“双减双降”态势，荒漠化趋势有所逆转，黑河和石羊河下游干涸多年的居延海和青土湖重现生机，分别形成40平方千米水域和10平方千米以上的水域。

青土湖水域（张灿坤 摄）

近几年，甘肃省连续实施的三北防护林、退耕还林、退牧还草等一系列工程，以及先后启动实施的石羊河流域防沙治沙及生态恢复工程、敦煌水资源合理利用与生态保护工程、黄河重要水源补给生态功能区生态保护与建设工程等重点治理项目，对沙区生态恢复与建设起到积极作用，也是全省荒漠化和沙化土地面积减少、程度减轻的重要因素之一。

小流域治理、水土流失治理、天然林保护和自然保护区建设等工程的实施也起到一定作用。近五年来，甘肃省共完成治沙造林300平方千米，封沙育林育草300平方千米，国家级防沙治沙示范区（张掖市、民勤县）共完成治沙造林12.87平方千米。另外从2013年起，先后有敦

生态保护工程（李亚鸽 摄）

植树造林——胡杨林（李亚鸽 摄）

风沙线上的防风固沙林（王明浩 摄）

煌、金塔、民乐、临泽、永昌、民勤、玉门、凉州、古浪、金川、景泰、环县等12个县（市、区）获批沙化土地封禁保护区。

甘肃省2010—2014年的降水量在逐年增加，年均气温逐年升高，年蒸发量有减少趋势，说明气候因素是全省沙化和荒漠化土地面积减少、程度减轻的重要因素。全省沙化土地分布区，居民、

风沙线上的防风固沙林（王明浩 摄）

工矿、交通用地达2300平方千米，比上期监测结果1300平方千米增加了1000平方千米，说明基础设施建设是沙化面积减少的又一重要因素。河西走廊5个市的常住人口在监测期（2009—2013年）呈减少趋势，也具有重要作用。

巴丹吉林、腾格里与库姆塔格三大沙漠雄踞甘肃省北部，风沙线长达1600多千米。沿风沙线营造的防风固沙林保存面积已达2800平方千米，形成长达1200多千米的防风固沙林带，占风沙线总长度的75%。防风固沙林具有降低风速、防止或减缓风蚀与沙蚀的作用，对荒漠化防治具有举足轻重的意义。

2.荒漠化防治典范

◎ 丝绸之路要冲 —— 古浪县

甘肃省古浪县位于河西走廊东端，腾格里沙漠的南缘，是我国荒漠化重点检测县。历史上的古浪县是一个多林地带，“云树苍茫迷客路”描述的就是古浪南部地区的森林。古浪县在交通和军事方面具有重要地位，自古乃兵家必争之地，因此，生态环境极易受到破坏。

40多年前，古浪县境内沙漠化土地面积达1647平方千米，风沙线长132千米。在当地广为流传的一句俗话：“沙骑墙，驴上房。”这是对昔日此地风沙肆虐地形象描述。随着古浪县荒漠化治理工作的深入，封沙育草，恢复天然植被；提高群众荒漠化防治意识，全民治沙；帮助沙区农户脱贫致富。现在，在茫茫沙海中，一条由锦鸡儿、沙枣、细枝岩黄芪（花棒）等沙生植物“织”成的“隔离带”，阻止了风沙侵蚀的步伐，孕育出绿色的希望。

古浪县全景

古浪县的绿色隔离带（高文婷 摄）

◎ 俗朴风醇，人民勤劳——民勤县

民勤县因“俗朴风淳，人民勤劳”而得名，是河西走廊东段石羊河流域的绿洲区，位于腾格里沙漠和巴丹吉林沙漠中间，不仅阻止了两大沙漠的会合，而且也是保护我国东部地区的重要生态屏障。

但是，水资源短缺、风沙肆虐、人类活动加剧等原因致使民勤绿洲荒漠化现象逐渐恶化。这一现象也引起了人民和政府的高度重视，人们在农田周边修筑矮墙与排插柴草，沙垄上种植红柳和梭梭，流动沙丘中设置柴草沙障，这些措施能够形成防风沙墙从而达到抵御风沙的效果。然而，最重要的是科学合理利用有限的水资源，优化配置，节约用水，对此，民勤县政府出台了《民勤县水资源预算执行审计监督办法》，科学合理利用有限的水资源。此外，还有其他，如植树造林种草、生态移民、农田防护林等措施，正在逐步缓解民勤的荒漠化进程。

民勤县附近的荒漠（李亚鸽 摄）

种植梭梭与柴草沙障（上图 王明浩 摄/下图 李亚鸽 摄）

四、傲立荒原守荒漠

“黄沙漠南起，白日隐西隅。”

甘肃境内的荒漠也如同其他地区的荒漠一般，黄沙与残阳浑然一体，看似荒凉颓败、死气沉沉。可谁又能想到，在这漫天飞沙中，顽强生长的植物与那庭院栽培的植物相比，其瑰丽、美妙程度有过之而无不及。

1.沙漠王子——胡杨

沙漠三剑客（胡杨、梭梭、柽柳）中最雄伟的莫过于胡杨。中国的胡杨主要分布在内蒙古西部和甘肃、青海、新疆等地。胡杨抗高温、抗干旱、抗盐碱、抗风沙，寿命可达百年左右，树干通直，树高10~15米，树皮呈淡灰褐色，枝内含盐量高，嚼之有咸

胡杨叶片（潘建斌 摄）

胡杨

味，是西北干旱盐碱地带的优良绿化树种。若是细看这胡杨，便能发现其瑰丽之处，那细小的鲜红或淡黄绿的雌花、紫红色的雄花，如同星星之火，点缀其身。细心的人会发现胡杨有趣的叶子，生长在幼树嫩枝上的叶片狭长如柳，大树上的叶片宽阔如杨，故胡杨又有“变叶杨”“异叶杨”之称。

在内蒙古额济纳旗，人们称赞胡杨“生而不死一千年，死而不倒一千年，倒而不朽一千年”。千百年来，胡杨守望着沙漠，与黄沙融为一体，又顽强地抵抗着漫天的黄，因此也被人们誉为“沙漠守护神”。胡杨对于稳定荒漠河流地带的生态平衡，防风固沙，调节绿洲气候，具有非常重要的作用，是荒漠地区农牧业发展的天然屏障。

2.沙漠卫士——梭梭

梭梭是很好的固沙植物，国内主要分布在宁夏西北部、甘肃西部、青海北部，以及新疆、内蒙古等地。梭梭生于沙丘、盐碱土荒漠以及河边沙地等。它并没有胡杨那么伟岸，树皮呈灰白色，木质坚而脆，稍稍用点力，便可以将其枝条掰断，叶为鳞片状。

梭梭可以在极端条件下生长，极寒、极旱、盐碱，都奈何不了它。最神奇的是梭梭的种子，在野外，如果它能得到一点点水分，在短短几个小时中，便能够快速地生根发芽，不断生长，因此，梭梭才能适应这苍茫的荒漠。相信大家对“蚂蚁森林”都不陌生，我们起早贪黑，只为种下一棵树，每当我们收集齐17.9千克的绿色能量，便可以种下一棵梭梭，那么为什么是17.9千克呢？因为梭梭一生平均会吸收17.9千克的二氧化碳，更加令人称奇的是，一棵成年梭梭可以稳固10平方米的土壤，它真是不愧于“沙漠卫士”的名号。

梭梭（李亚鸽 摄）

柽柳（潘建斌 摄）

3.沙漠之花——柽柳

相比于梭梭与胡杨，柽柳则更加美艳动人，野生柽柳在我国主要分布于辽宁、河北、河南、山东、甘肃以及江苏北部、安徽北部等地。柽柳喜生于河流冲积平原、海滨、潮湿盐碱地和沙漠荒地。柽柳高3~8米，老枝直立，呈暗褐红色，光亮；幼枝稠密细软，常常展开而下垂，呈红紫色或暗红紫色，有光泽；嫩枝繁密纤细，悬垂；叶子如同侧柏的叶，鳞片状，稍展开，先端钝。春季时，可以瞧见从那绿色的叶子中，粉红色的花伸展着腰肢，花并没有排列地非常紧凑，而是较为稀疏而纤弱，小枝亦下倾，近看如同吊在屋檐下的风铃，在风中微微摇曳；远看又如同天边的红霞，轻盈且温暖。

《尔雅翼》言："天之将鱼，柽先起气以应之，故一名雨师，而字从圣。""起气"应雨，是指雨季到来前，柽柳会散发出"红色烟幕"，这"烟幕"实际上是柽柳的花朵，每朵花都很细小，聚集起来，仿佛有红烟环绕在枝条之间。由于能

柽柳花（潘建斌摄）

够预告雨水到来，柽柳在民间又名“观音柳”，相传观音洒水，用的就是柽柳树枝。柽柳花期早且长，花朵艳丽且多，是早春的粉源和蜜源植物之一，在柽柳的集中分布区，每群蜜蜂可采取15~20千克的蜜。如果这还没有勾起你的兴趣，那么相信“红柳烤肉”这个名字对你来说绝对不陌生。没错，由于柽柳的枝干呈紫红色，中国西部地区称柽柳为“红柳”，红柳烤肉的重点是使用红柳柴或红柳碳烧烤，至于用红柳枝串肉，只是物尽其用而已，如果仅用红柳串肉，那就是本末倒置了。

4.四味仙树 —— 沙枣

沙枣分布于我国华北和西北各省的荒漠及半荒漠地区，喜欢高温干冷的气候，是沙漠开荒造林中一种重要的落叶乔木。沙枣在不同的地域和书籍中有不同的叫法，有别名：七里香、香柳、刺柳、桂香柳、银柳、红豆、牙格达等。其众多别名充分的体现了沙枣的特征：花香浓郁，树枝银白色，具刺，果实红褐色。曾有人说，“我所经历的最浓烈的花香，要么法国香水，要么沙枣花香。”夏季沙枣花开时，满树的馥郁芳香怎么闻也闻不够。

沙枣在唐代《酉阳杂俎》中又被称为“仙树”，其记载道：“祁连山上有仙树实，

沙枣果实（潘建斌 摄）

行旅得之止饥渴。一名四味木。其实如枣，以竹刀剖则甘，铁刀剖则苦，木刀剖则酸，芦刀剖则辛。”四味果说的便是沙枣。除了四味枣之说，沙枣在防风固沙与水土保持上也起到了不可磨灭的作用，沙枣树叶生得低矮，可以防风固沙，沙枣林可以降低百分之六十的风速，并保持一定的土壤湿度，沙枣根系的根瘤菌可以增加土壤中的氮含量，提高土壤肥力，可谓是大自然赠予荒漠地区人民的珍贵礼物。

5.沙漠黑美人——黑果枸杞

枸杞不是红的吗？黑的！没听说过！这便是大众对于黑果枸杞的普遍认知，在我国主要分布于陕西北部、宁夏、甘

黑果枸杞的花（潘建斌 摄）

肃、青海、新疆和西藏等地，中亚、高加索和欧洲亦有分布。黑果枸杞耐干旱，常生于盐碱土荒地、沙地，可用于水土保持。黑果枸杞枝高20~50厘米，呈白色或灰白色，上面有不规则条纹，小枝尖端渐尖，叶片肥厚（与我们平常所见的多肉叶子差不多），花呈漏斗状，浅紫色，浆果为紫黑色，球状。

有段时间，称为“软黄金”的黑果枸杞可是火了一把，有人发现，用它泡茶的时候，有时茶是蓝色的，而有时茶是紫红色的，难道其中有一种是假的黑果枸杞？其实，这两种都是真货，通常枸杞的红色是来源于甜菜素，而黑枸杞的颜色则来自于花青素，花青素的颜色是会随着酸碱性的变化而变化的，所以问题出在水上而不是枸杞上，水越偏碱性，茶就越蓝。

黑果枸杞（王明浩 摄）

白刺（潘建斌 摄）

6.沙漠红灯笼 —— 白刺

每年仲夏，总会瞧见那通红的灯笼长明于黄沙漠中，无论白昼或黑夜，走进一看，这提着灯笼的“妙人”便是那白刺。白刺生于荒漠和半荒漠的地方，在中国主要分布于陕西北部、内蒙古西部、甘肃西部、宁夏、河西、青海、新疆及西藏东北部。白刺高1~2米，多分枝，嫩枝白色，不孕枝先端变为刺状，叶子一簇一簇生长，远离枝的一段钝圆，花排列较密，成熟时果呈球形，深红色，果汁玫红色，这种果不光能吃，味道还不错，但是果实个体差异大，同时同地采出的果实既可能又酸又涩，也可能甘甜可口。

膜果麻黄（潘建斌 摄）

7.骆驼的食物——膜果麻黄

膜果麻黄常见于干燥沙漠地区及干旱山麓，多砂石的盐碱土上也能生长，在水分稍充足的地区常呈大面积分布，或与梭梭、柽柳、沙拐枣等旱生植物混生。我国膜果麻黄主要分布在内蒙古、宁夏、甘肃北部、青海北部、新疆天山南北麓，是很好的固沙植物。膜果麻黄高50~240厘米，茎呈灰黄色或灰白色，有许多绿色分支，老枝黄绿色。膜果麻黄是裸子植物，其球花（裸子植物的花）对生（相对而生）或轮生（就像围绕着鱼饵的一

裸子植物：一类能形成球花、产生种子，且种子没有果皮包被的高等植物。

圈鱼群）于节上，雄花呈淡褐色或褐黄色，雌花呈淡绿褐色或淡黄褐色。

膜果麻黄的小枝顶端会因虫害而卷曲，像极了盘曲的蛇，所以在它生长的地方，居民称之为“蛇麻黄”，在其他麻黄中也有类似的现象。膜果麻黄属于中等牧草，但其并不鲜美可口，除了骆驼在冬季少量采食外，其他家畜均不采食。

膜果麻黄的花（潘建斌 摄）

8.耐旱能手 —— 霸王

我国霸王产于内蒙古西部、甘肃西部、宁夏西部、新疆、青海等地，生于荒漠、半荒漠沙砾河流阶地、低山山坡、碎石低丘及山前平原。霸王为高50~100厘米的灌木，树枝呈淡灰色，上有叶，叶在老枝上一簇一簇生长，在幼枝上对生，叶子较厚，形状如同汤匙，每到四五月，白色的小花就会在叶腋部冒出，到了七八月，一个个像长着翅膀的果实便成熟了。霸王耐干旱，在研究植物耐旱基因方面功不可没。

霸王（潘建斌 摄）

9.楼兰美女——沙拐枣

在沙漠中，当你见到那一团一团的色彩，定会忍不住去一探究竟，这便是沙拐枣。沙拐枣主要产于内蒙古、新疆、甘肃等地。它生于流动沙丘、半固定沙丘、固定沙丘、沙地、沙砾质荒漠和砾质荒漠的粗沙积聚处。沙拐枣高25~150厘米，白色或淡红色的花簇生在叶腋部位，等到6~8月，沙拐枣的果实也就成熟了，沙拐枣果实的每一肋状突起有3行刺毛，就像是一个一个的毛蛋蛋，插在绿色的枝桠上。沙拐枣极易成活，不管是种子还是扦插，只需要很少的水，沙拐枣不久就能生龙活虎起来。

沙拐枣（潘建斌 摄）

沙拐枣（潘建斌 摄）

10.小身材大作用——红砂

红砂产于新疆、青海、甘肃、宁夏和内蒙古等省区。红砂是荒漠和草原区的重要建群种，生于荒漠地区的山前冲积、洪积平原上和戈壁侵蚀面上，亦生于低地边缘。红砂是高为10~30厘米的小灌木，小枝蜿蜒如同龙爪，肉质的叶片像鳞片一样簇生在枝条上，花密集地开在枝条上部，白色略带粉红，在七八月的盛花期也别有一番韵味。红砂是我国北温带荒漠的主要先锋植物，也是一种潜力巨大的水土保持和荒漠绿化植物，它在极端干旱的条件下会出现休眠或落叶等特征，是一种温带地区的复苏植物。所以不要小瞧红砂小小的身材，它可是研究植物抗旱机制不可多得的好材料。

红砂（潘建斌 摄）

红砂（潘建斌 摄）

甘草的果实（潘建斌 摄）

11.诸药之君 —— 甘草

甘草是多年生草本，产于东北、华北、西北各省区，常生于干旱沙地、河岸砂质地、山坡草地及盐渍化土壤中。甘草茎与根的外皮呈褐色，里面为淡黄色，具甜味。甘草含有大量的甘草甜素（甘草酸），甘草甜素的甜度是蔗糖的200~300倍，这就是为什么甘草尝起来会如此之甜。甘草茎直立，高30~120厘米，叶子为卵形，上面呈暗绿色，而下面呈绿色，两面都具短绒毛；花为蝶形，呈紫色、白色、黄色；果实是镰刀状或环状，密集形成一个球形，上面有许多的红色刺毛状腺体。

《神农百草经》中是这样描写甘草的："主五脏六腑寒热邪气，坚筋骨，长肌肉，倍力，金创，解毒。久服轻身延年。"《本草纲目》中也写道："诸药中甘草为君。" 虽然现在人们对甘草的研究中发现其具有多种药用价值，但远不及书中所写的那么神奇，而且如果人们把甘草当作日常茶饮来饮用的话，很可能喝出高血压。

甘草的花（潘建斌

鳞茎：鳞茎是地下变态茎的一种，茎非常短缩，呈盘状，其上着生肥厚多肉的鳞叶，内贮藏极为丰富的营养物质和水分。

12.沙漠蔬菜——蒙古韭

行走在河西走廊的荒漠中，总可以看到点点玫瑰红色散布其中，就如同玫瑰星云散布在茫茫宇宙中一样，在浩瀚的沙漠中这点玫瑰红色显得格外娇艳，这便是沙漠野生蔬菜——蒙古韭（别名沙葱）。国内的蒙古韭主要分布于新疆东北部、青海北部、甘肃、宁夏北部、陕西北部、内蒙古和辽宁西部等地，主要生于荒漠、砂地或干旱山坡。蒙古韭茎呈球状（鳞茎），其紫红色的花朵也聚集成球状。

《本草纲目》中写道："茖葱，野葱也，山

甘草（潘建斌 摄）

蒙古韭（潘建斌 摄）

蒙古韭（潘建斌 摄）

原平地皆有之。生沙地者名沙葱，生水泽者名水葱，野人皆食之。”蒙古韭叶及花均可食用，其味辛而不辣，质地脆嫩，口感极佳，是煲制各种营养汤、佐餐下酒的上佳食材。

13.寄人篱下——锁阳

锁阳是多年生寄生草本，生长于荒漠草原、草原化荒漠等生境，也会在有白刺、红砂生长的盐碱地上出现，国内锁阳在新疆、青海、甘肃、宁夏、内蒙古、陕西等省区均有分布。锁阳全株无叶绿素，呈棕红色，看上去就像一个棕红色的棒子，高15~100厘米，植株的大部分埋

锁阳

盐角草（潘建斌 摄）

在沙中，它们的根寄生在白刺等植物上汲取营养，茎则藏于地下，开花时其肉穗花序会钻出地面，露出一抹抹鲜红。

锁阳的肉质茎能药用，可补肾、益精、润燥。《辍耕录》中写道："土人掘取洗涤，去皮薄切晒干，以充药货，功力百倍于苁蓉也。"可见锁阳的药用价值之高，即便它毫无药用价值，但仅凭其奇特的长相与明艳的颜色，就能为这单调的沙漠增添有趣的气息。

寄生植物：不含叶绿素或只含很少、不能自制养分的植物。寄生植物从其他绿色植物身上取得其所需的全部或大部分养分和水分。

肉穗花序：肉穗花序是无限花序的一种，花序轴是肥厚肉质，其上生多数无柄小花。

五、神出鬼没窥荒原

荒漠猫

1.沙之传说 —— 荒漠猫

在甘肃省河西走廊的广大荒漠地区，分布着一种遗世独立、战斗力爆表、野生不可亲之猫咪 —— 荒漠猫。荒漠猫属食肉目猫科，体型大于家猫，四肢修长，容貌警惕，一双圆眼烁烁发光。耳朵尖端的两撮毛虽不如猞猁的潇洒，却是它与家猫区分的显著标志。荒漠猫嗅视听触五感发达，跑跳攀爬技能满点，还有沙色皮毛掩护，鼠、兔、蛇、鸟 …… 只有它不想吃的，没有它吃不到的。这种国家二级重点保护野生动物无比偏爱僻静贫瘠干旱的土地，它无比强大的环境适应力及繁殖力仿佛是荒漠的“漏洞”。但偷猎、农药、兽夹、栖息环境的改变等等，使荒漠猫沦为了濒危物种，萌凶的它再不会大大咧咧地现身在人类面前，只是偶尔从红外相机镜头中一闪而过，渐渐变成了一个荒漠传说。

2.沙色威狐 —— 沙狐

从《山海经》中的“青丘”到《聊斋志异》里的“莲香”，狐狸自古以来都有着强烈的神秘色彩，是人类口中极具灵性的“仙儿”。但狐狸家族中也有一种身材短小、土里土气的成员 —— 沙狐。沙狐属食肉目犬科狐属，是中国狐属动物中体型最小的一种，足迹遍布我国的甘肃、内蒙古、新疆、青海等荒凉而广阔的地区。它有一对硕大的耳朵，沙色的皮毛，短脸尖嘴，尾巴粗长，还是小短腿。它虽然没有赤狐优雅，也没有藏狐“面子”大，但“狐不可貌相”，其灵敏的嗅觉、听觉和视觉使它能够很快锁定猎物，分工明确的群体狩猎技能，弥补了它们奔跑速度较慢的缺陷。啮齿类动物遇到它们就是现实版的“死神来了”。为了躲避荒漠的炎热与苦寒，沙狐选择穴居。它们常常群居在类似“沙狐城”的洞穴中，而洞穴中，洞道经常联通其他动物的洞穴，如大沙鼠、跳鼠等。它们往往采取吃掉洞主、霸占洞穴这种“先斩后住”的霸王策略。沙狐对控制荒漠啮齿类动物数量做出了很多贡献，是干旱区荒漠生态系统的守护者。

沙狐

子午沙鼠

3.大地之蠹（dù）——沙生鼠类

啮齿类动物食性博杂而且喜欢“深挖洞、广积粮”，一旦爆发会严重威胁到当地的生态环境。虽然有荒漠猫、沙狐这样的杀手存在，但荒原鼠辈们却是“你有张良计，我有过墙梯”——超强繁殖能力可以力保它们种群的延续。

子午沙鼠因一早一晚活动得名，是中国特有的沙鼠，属啮齿目沙鼠科，在河西走廊地区数量非常巨大。它的背毛呈沙黄色，尾端着生黑毛，似毛笔尖。它们群居生活，为了躲避敌害，会挖掘越冬洞、夏季洞和复杂洞等“住宅”，可谓“狡鼠三窟”。为了吃饱肚子，它们会随季节的变化四处迁移觅食；会在秋季储存果实、种子、植物茎叶以度过寒冬。

跳鼠类是比子午沙鼠更有名的荒漠萌物。其中三趾跳鼠、五趾跳鼠都是常见的荒漠啮齿动物。跳鼠们头圆吻钝，眼大尾长，前肢短小，后肢极发达，沙色的皮毛下隐藏着一颗“袋鼠心结”。像袋鼠一样跳跃前进。它们的长尾是躲避天敌捕捉的重要道具，兼顾跳跃时保持身体平衡的作用，如舵般甩尾行为可以协助其转向，尾端的毛穗左右摇晃，扰乱天敌视觉判断。它无汗腺，不管多么激烈的运动，毛发依然飘逸柔顺。在寒冷而漫长的冬季，它们选择安静的冬眠来解除夏日的劳烦，克服干旱荒漠区严酷的自然环境。

三趾跳鼠（骆爽 摄）

五趾跳鼠

大沙鼠体形较大，淡沙黄的背毛便于隐蔽，尾毛呈红锈色，明显比背毛鲜艳，喜欢晨昏活动，中午太阳暴晒的时候它更喜欢在洞里乘凉。它们过群体生活，相互之间的洞穴距离很近，会形成相当明显的洞穴群，像一个小型住宅区。大沙鼠会建造复杂的洞穴，洞道交错，分层布局，卧室、粮仓、卫生间、逃生通道一应俱全。它们有很强的警惕性，会一边沉默地进食一边瞭望，防止沙狐、荒漠猫的偷袭；它们还有很强的导航能力，离巢几百米也能准确地返回自己洞中。它们挖掘洞穴、啃食植物的地下根茎，因此内蒙古、甘肃、新疆等地的固沙工作受它们的影响甚大。

大沙鼠

大耳猬（包新康 摄）

4.蠢萌刺儿头 —— 大耳猬

大耳猬身披刺甲，一对比例夸张的大耳朵突出于棘刺之外，遇敌害时它能将身体卷曲成球状，将刺朝外保护自己，让肉食者无从下口，这就是大耳猬。刚出生的大耳猬刺软眼盲，背上只有类似鳞片样的角质物，看上去很像披着蛇皮的老鼠。长大后角质物逐渐变长变硬，最终变成“铁蒺藜”派上用场。大耳猬虽然是食虫目猬科动物，但它从不只吃昆虫，相反的，茎叶种子、瓜果蔬菜，甚至幼鼠蜥蜴都是它的嘴边零食。大耳猬是异温动物，要靠冬眠才能度过严寒。因为它的视觉和听觉都很弱，外出时都是靠鼻子探路。由于生性胆小，它只敢夜间出来觅食。它并不会把果子插在刺上带回家，因为背着水果更容易被天敌发现，还会影响它们原本就不快的逃跑速度。不过大耳猬的后背上还真的会有别的动物，比如跳蚤、蜱等。这些小虫子欺负大耳猬没有办法梳理背上的刺，趁机寄生并大肆吸血。同时它们也会搭大耳猬的顺风车，去侵扰其他哺乳动物。如果你在野外遇见了大耳猬，不要打扰它，让它安安静静走开吧。

异温动物：体温调节机制介乎变温动物和恒温动物之间的一种动物类别。在活动期，能将温度保持在适当的水平；当进入休息时，将自身体温降低，使体温仅比环境温度高上一点点，以为降低代谢需要。典型的代表动物有：刺猬、蝙蝠。

荒漠麻蜥（包新康 摄）

5.沙漠守宫——荒漠麻蜥

荒漠麻蜥虽没丰富的肢体语言，但本领毫不逊色。它体型粗壮，头尖嘴阔，像一只“迷你版”鳄鱼。它属爬行纲有鳞目蜥蜴科麻蜥属，黄褐色背上有黑色虫形花纹，因其体色和花纹很像虎纹，且行动敏捷，也称“虎纹捷蜥”。它喜欢在白刺包或霸王刺沙丘上挖洞，洞道深长复杂。它以昆虫为主要食物，也会食白刺果、嫩枝芽。因为它的鳞片光滑，身体呈梭形，在灌丛中穿梭时毫不受阻。遇到敌害时，白刺包、梭梭丛是它的第一层保护屏。当第一层屏障失效后，断尾求生就会立刻启动，掉下的断尾还会跳动，以吸引敌人的注意使它乘机逃跑。断尾还能再生，但却大不如原色漂亮，长度也会短许多。荒漠麻蜥是卵胎生动物，小麻蜥以卵的形式在母体内孵化，生出来就是活蹦乱跳的小麻蜥。它们是荒漠地区最低调的消费者，也是荒漠生态系统的重要的成员。

消费者：食植物的消费者称为一级消费者，然后依次是二级、三级、四级消费者等，凶猛性大型食肉动物称为顶级消费者。

6.沙地幽灵——荒漠沙蜥

漫漫黄沙之上，有一些机敏低调又不甘寂寞的小东西在不停地撩拨着你的视神经，当你仔细观瞧却又踪影全无。请屏气凝神，顺着阳光角度的指引，看一看那新月形洞穴旁边探头探脑的小家伙吧。它背面褐色，背脊中央有一纵纹，腹面黄白色，尾梢黑色，这就是荒漠沙蜥。这种有鳞目鬣蜥科沙蜥属的爬行动物是中国西北荒漠地区的优势种，数量多、分布广。它有着很长的爪，在沙地上奔跑起来轻巧快捷，就像“水上漂”一般只留下浅浅的

荒漠沙蜥（包新康 摄）

痕迹。它肢体语言很丰富，尾巴或上卷或剧烈摆动，这是在向外界传递信息，有时是它在求爱示好，有时是它在拒绝或警告。它们白天活动，需要从外界环境中吸收热量来使自己的体温升高，这样才能跑得更快。当气温太高，地面发烫时，它会不停交替抬起前后脚，好像踩着火炭跳舞，这个时候，灌丛的阴凉处或者洞里就是它的好去处。只需要一点小昆虫，例如蚂蚁、鼠妇、瓢虫、蝽象等就能满足它的胃口。

7.大漠霸主——草原雕

如果你觉得控制啮齿动物仅有地面武装，没有空中力量，那就大错特错了。这位霸主高高在上，俯视宵小，它就是鹰形目鹰科的草原雕。它全身深褐色，翼展宽阔，强筋铁爪，面容凶狠，视力超群。草原雕的飞行能力、捕猎技巧都堪称一流，正如金庸先生《神雕侠侣》中的“雕兄”，那可是神勇无敌的存在。作为大型猛禽，它集美貌与智慧于一身，盘旋侦查，确定坐标，俯冲，飞爪一扑，猎物成功到手。捕食动作优美连贯、一气呵成。有时，草原雕会仔细选择洞穴，呆若木鸡地蹲守在那里，在鼠辈刚刚探出头来的时候，突然拔出锋利的爪子一把擒住猎物。啮齿类，野鸡、野兔、沙鸡、沙鼠、沙

草原雕（骆爽 摄）

凤头百灵（骆爽 摄）

狐、蜥蜴都是它爪下的美餐。在食物难寻的时节，甚至可以以腐肉为生，毫不挑剔。草原雕的栖息地类型多样，荒漠、半荒漠、荒漠化草原，都有它的身影，有它在空中监视，再狡猾的猎物也在劫难逃。

8.荒漠歌手——凤头百灵

也许你会被一串甜美而哀婉的歌声吸引，左顾右盼却看不到歌者，耐心点，那是凤头百灵在向你问候。凤头百灵的羽毛呈沙褐色，嘴长且弯，具羽冠，冠羽长而窄，人们昵称它为“大角”。它常在地面、沙堆高处的灌丛附近站立，擅长行走，飞行时呈高低起伏的波状。平时在地上寻食昆虫和种子，受惊扰时常藏匿不动，因有保护色而不易被发觉。它主要以草籽、嫩芽、浆果等为食，也捕食昆虫，如甲虫、蚱蜢、蝗虫等。凤头百灵鸣声嘹亮，能歌善舞，历来受到人们的喜爱。宋徽宗的《写生珍禽图》中就有对凤头百灵的生动描绘。它用自己的歌喉美化了环境，也维持着荒漠生态系统的平衡。可惜嘹亮悦耳的歌声也给自己带来了恶运，人们为了独占歌声，把它关进牢笼。缺少了它的身姿，荒漠顿失颜色。它也是三有保护动物，为了让荒漠充满歌声，请大家不要把它据为己有。

9.漠上行者——毛腿沙鸡

有时候，你需要一双慧眼才能看到隐藏在荒芜中的亮色。毛腿沙鸡，形似家鸽，颈部、前额、眉纹是醒目的锈红色，身体棕黄色的羽毛配合黑色的斑纹，俯在地上就像一块略微隆起的沙堆，不靠近的话完全发现不了。普通鸟类的跗趾长有鳞片，而它的跗趾上则长满绒毛，毛腿沙鸡由此得名。它们总是纠集一大群同类呼啸来去，集群可达上百只。飞行的时候，腹部黑色斑块特别醒目。它们以植物种子、嫩芽等为食，晨昏时分会飞去水源地饮水。有时候会发现它趴在水里，难道在吃小鱼小虾？其实，它是在利用胸前浓密的羽毛吸水，带给不会飞的雏鸟。它们是一种神出鬼没的鸟，今年在甘肃铺天盖日地飞，明年可能一只都见不到。毛腿沙鸡分布范围广，种群稳定，不是濒危动物，可是随着栖息地的破坏，其数量也在不断减少。为了让更多的人认识它，更好地研究它，国家把它列为三有保护动物。以前它和鸽子同属鸽形目，现在单独成立了沙鸡目沙鸡科，它也有了独立的认证标识。

毛腿沙鸡（骆爽 摄）

醉美湿地

第五章　醉美湿地

湿地是世界上生产力最高、生物多样性最丰富的自然资源之一，与海洋、森林共称作全球三大自然生态系统。湿地具有涵养水源、调节气候、保护生物多样性、维护生态平衡及提供食物及工业原料等多种功能，因此赢得了“地球之肾”“淡水之源”等美誉。甘肃省地处我国西北内陆地区，位于黄河上游的青藏高原、内蒙古高原和黄土高原的交汇处，其复杂多样的地形地貌，蕴生了丰富的湿地资源。

一、陇原之肾

湿地是气候、水文以及地貌、土壤等自然要素之间综合作用的结果。水文条件多样，湿地类型也多样。甘肃省地处祖国内陆腹地，由西北干旱区、青藏高寒区和东部季风区组成，地貌复杂多样，山地、高原、沙漠、戈壁、平川和河谷交错分布，在河西走廊和甘南高原分布着比较丰富的湿地资源。湿地是陇原大地重要的经济资源和生态资源。

尕海湖湿地（张勇 摄）

甘肃省湿地资源调查报告结果显示，甘肃省湿地总面积1.69万平方千米，湿地斑块总数为4015个，包含河流湿地、湖泊湿地、沼泽湿地、人工湿地4大类中的16个湿地型，类型丰富多样。其中，自然湿地面积为1.64万平方千米，占湿地总面积97%；人工湿地0.05万平方千米，占湿地总面积的3%。全省湿地率为4%，受到有效保护的湿地占湿地总面积的52%。

甘肃湿地分布总体趋势像一只头顶西南仰视苍穹的巨蝶，其左翼地处青藏高原与黄土高原的过渡带，地形地貌复杂，地势西高东低，南高北低；整体由西南向北倾斜，南部为岷跌山区，西北部为广袤的甘南草原；在青藏高原与蒙古高原的过渡地带，是地域狭长的河西走廊，南部为祁连山，北部为龙首山、合黎山、马鬃山；从西北的酒泉市到东南的武威市则构成了这只巨蝶的另一只翅膀，而汹涌澎湃、绵延千里的黄河正是这只蝴蝶的躯干。

甘肃湿地分布有3个非常突出的特点：①地域集中。以各市州内湿地的分布情况来看，湿地集中在酒泉市、张掖市、武威市、甘南藏族自治州。仅这4市（自治州）的湿地就占全省湿地面积的90%。②两大主体。沼泽湿地与河流湿地是其主要存在形式。两类湿地占全省湿地的96%。③天然湿地多。甘肃省内人工湿地占比很小，自然湿地是主体，其面积为16424.10平方千米，占湿地总面积的97%。

表5-1　　甘肃省各类湿地概况表　　（单位：平方千米、%）

湿地类型	湿地型	面积	湿地类比例
河流湿地	永久性河流	1823.78	22
	季节性河流	934.03	
	洪泛平原	1058.96	
湖泊湿地	永久性淡水湖	69.53	1
	永久性咸水湖	82.01	
	季节性淡水湖	2.99	
	季节性咸水湖	4.56	
沼泽湿地	草本沼泽	2228.42	73
	灌丛沼泽	331.54	
	内陆盐沼	819.95	
	季节性咸水沼泽	3844.15	
	沼泽化草甸	5224.15	
人工湿地	库塘	367.47	3
	输水渠	50.49	
	水产养殖场	20.36	
	盐田	77.01	

二、多种湿地

1.河流湿地

河流湿地是由溪流、河流以及两岸的河漫滩组成的，多呈带状分布。甘肃省内西北干旱区和南部青藏高原大部分地区的河流水源主要是靠冰雪融水供给。河西三大内陆河均受益于祁连山的冰川。长江、黄河为流入河流，流域参与补给。在河流湿地有丰富的动植物资源。植物的多样性取决于河岸梯度以及河水的泛滥程度。湿地水的水温、流速和水质等则影响着动植物的种类、数量、结构、分布情况等。同时，河流湿地也是净初级生产量极高的生态系统，每年的泛滥季节，湿地都有丰富的营养输入。河流湿地的水资源和水能为生态建设和工农业生产起到了保障作用。甘肃省内，河流湿地有2927条（块），其中永久性河流1036条，季节性河流1660条，洪泛平原231块。

2.湖泊湿地

湖泊湿地由湖泊及岸边湖滨低地所构成，甘肃省的湖泊湿

净初级生产量： 在初级生产过程中，植物固定的能量有一部分被植物自己的呼吸消耗掉，剩下的可用于植物的生长和生殖，这部分生产量称为净初级生产量。

河流湿地（党河）（张立勋 摄）

地多为河流尾闾，集中分布于西北部边缘盆状地带，例如阿克塞县的大小苏干湖、玉门市的干海子、民勤县的青土湖等。湖泊湿地的周边通常有芦苇、草甸或盐碱植被。湖泊湿地的功能性十分重要，首先，它对于洪水有调蓄作用，在流域防洪减灾方面发挥着巨大作用；其次，湖泊的水位会产生季节性的变动，这为许多野生动物创造了天然的栖息地，特别是鱼类和鸟类，湖泊湿地是它们的天堂。甘肃的湖泊多为淡水湖，因而湿地也是农渔业生产的重要保障。在甘肃省，湖泊湿地共35个，永久性淡水湖21个，永久性咸水湖8个，季节性淡水湖4个，季节性咸水湖2个。

尾闾：尾闾指河流的末段，"尾闾湖"就是河流末端形成的湖泊。

湖泊湿地（居延海）（张立勋 摄）

沼泽湿地（盐池湾）（张立勋 摄）

3.沼泽湿地

沼泽湿地是甘肃省各类湿地中面积最大，也是最为重要的湿地类型。其植被主要由芦苇和薹草类的挺水型湿生、沼生植物组成，地表经常保持浅薄的水层，水分供应稳定的地段有泥炭积累。沼泽湿地多集中在高海拔区域，如祁连山地、青藏高原东北部局部地区。沼泽湿地的水源主要来自地表径流和地下水，水的流动给土壤带来丰富的矿物质，因此沼泽湿地有着丰富的营养供给。沼泽中有许多富营养植物，如芦苇、薹草、木贼等，当这些植物死亡后，由于有机质的嫌气分解过程漫长，植物的残体会逐年积累，从而形成富含营养的泥炭。甘肃省的沼泽湿地有449块，其中草本沼泽湿地128块，灌丛沼泽湿地29块，内陆盐沼湿地22块，季节性盐沼湿地118块，沼泽化草甸湿地152块。

挺水型植物：挺水型水生植物植株高大，花色艳丽，绝大多数有茎、叶之分；直立挺拔，下部或基部沉于水中，根或地茎扎入泥中生长，上部植株挺出水面。

嫌气分解：指好氧微生物在缺氧状态下进行的氧化分解作用，这一分解过程往往既慢又不彻底。

4.人工湿地

人工湿地是我国湿地资源中的一个重要类型，面积占到全国湿地面积的12.63%，是人类利用自然的一种表现形式，是为了某种目的以人工手段改造或建造的湿地类型。甘肃省内基本无人工景观湿地，除少部分鱼塘、库区外，其他多为水利设施，比如引水渠，这也是因为干旱等自然条件的限制。坐落于永靖县的黄河三峡保护区是省内较大的人工湿地，其他人工湿地则多分布于干旱半干旱地区和人类生产生活强度较高、密度较大的区域。人工湿地在解决生产生活用水的同时，也在一定程度上改善了当地生态环境，还为渔业生产和众多鸟类提供了栖息地。甘肃省的人工湿地共604块，库塘243块，运河（输水河）308条，水产养殖场46块，盐田7块。

人工湿地

三、摇曳生姿驻湿地

1.湿地之宝——芦苇

根状茎：地下变态茎的一种，具有明显的节和节间，先端生有顶芽，节上通常有退化的鳞片叶与腋芽，并常生有不定根。

当你漫步河边、水边等湿生环境中，便不难见到那随风摇曳的芦苇，芦花如威严将军头盔上的盔缨，在霞光中泛红。在甘肃的河西走廊地区，芦苇广泛分布于石羊河、黑河、疏勒河各流域的沿河阶地上，以及巴丹吉林沙漠、腾格里沙漠和其他沙化区域的丘间低地。其发达的地下**根状茎**在泥土中编织出一张巨网，不仅使自身迅速扩张，还可涵养水源，净化污水，保持水土，与其他湿地植物组成的植物群落形成重要的生态修复体系。

初春时节，从发达的地下茎上新萌发的芦苇嫩芽，又叫芦笋，摘回洗净，可烹为一道时令小菜。“蒌蒿满地芦芽短，正是河豚欲上时”，河豚有毒，芦根

芦苇

可解。“蒹葭苍苍，白露为霜。所谓伊人，在水一方。”诗经《秦风·蒹葭》中的“蒹葭”就是芦苇。“芦花深处泊孤舟”亦是一道秋季美景。成熟的芦苇高可达1~3米，直立的茎秆和细长的叶富含纤维且韧性强，可造纸。芦叶可用于包粽子，芦叶、芦花、芦茎、芦根、芦笋均可于畜牧业作饲料用，还可入药。

2.水边“香肠”—— 香蒲

在水边或水枯后的地势低洼处，你若是看到有一排排顶端像香肠或是狼牙棒一样的草，那必然就是香蒲了。香蒲喜高温多湿的气候，香蒲属植物在甘肃南部的嘉陵江流域，是以水烛和宽叶香蒲为主而组成沼泽香蒲群系；在渭河流域和河西走廊一带，则以小香蒲为建群种。香蒲的根系发达，可以净化水质，控制水土流失。

香蒲叶纤维含量很高，除了是上好的造纸原料外，用于编织的历史也很长，古代诸侯祭祀时用的坐席底部即是用香蒲叶铺垫加厚而成，蒲叶还可做成草袋、草席、茶垫、提篮等手工编织品。东汉官员刘宽只用香蒲叶制作的蒲鞭代替牛皮制的皮鞭惩戒犯人，故有“蒲鞭示辱”来比喻以德从政。香蒲草顶端的花粉在中药上称为蒲黄，应用历史悠久。花粉下面的“香肠”即是它的果实，通常有褐色斑点，果实成熟时，内部种子上干燥的毛（称为蒲绒）膨胀，轻轻一捏便会收获漫天飞舞的蒲绒，如大雪纷飞而至，并且这些柔软的蒲绒常被用作枕芯和坐垫的填充物。

小香蒲

杉叶藻（潘建斌 摄）

3.水中“杉树”——杉叶藻

杉叶藻是杉叶藻科杉叶藻属植物，在我国分布于东北、西北、华北和西南等地区，多群生于池沼、湖泊、溪流、江河两岸、稻田等浅水中。杉叶藻茎直立不分枝，且常带紫色，上部常露出水面，远远看去，因其叶呈细长条形，且4~12片一轮，一圈一圈的生于茎，常常让人误以为是哪棵不幸运的杉树落了水，伸着枝条向我们求助。杉叶藻全草细嫩柔软，叶虽细但饱满有多肉的质感，是禽类和草食性鱼类的饲料。

蕨类植物：是介于苔藓植物与种子植物之间的一个大类群，无性繁殖产生孢子，有性生殖器官为精子器和颈卵器。

4.节节高升——节节草

节节草是一种蕨类植物，常见于林缘坡麓以及河谷水边，为常见杂草。节节草与问荆、木贼两种蕨类植物较为相似，所以又称其为土木贼、木贼草。明

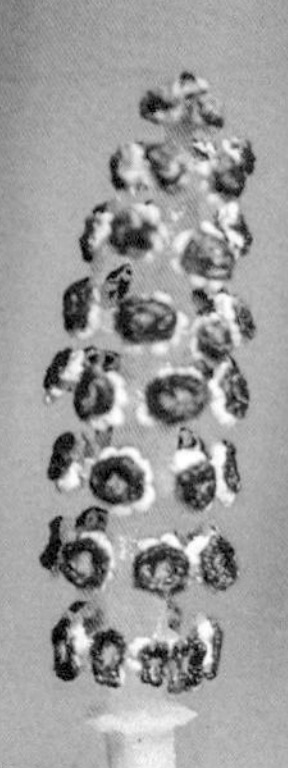

李时珍的《本草纲目》记载了“木贼”来历，称“此草有节，面糙涩。治木骨者，用之搓擦则光净，犹云木之贼也”。节节草最大的特点就是其茎节多，可拔断，外实中空。节节草全草有毒，牲畜如少量长期误食则呈慢性中毒，人亦不可过度服用，但适量可入药。

节节草（潘建斌 摄）

节节草（冯虎元 摄）

5.春天信使 —— 天山报春

春季，万物复苏，生机盎然。春天带着希望和憧憬来到人间，开启了四季轮回的新篇章。报春花是多数温带及山地草原上开花最早的植物，在冰雪消融的冬末春初，没有其他花朵的齐吐芬芳、争芳斗艳，只有它自己一簇簇地努力盛开着。南宋诗人杨万里留有诗作《嘲报春花》："嫩黄老碧已多时，騃紫痴红略万枝。始有报春两三朵，春深犹自不曾知。"诗人嘲笑报春花徒有虚名，春深时分报春花才开出两三朵。其实诗人并不知道，报春花是一个"大家族"，有的报春花开花较晚，但有些则开花很早。报春花是春天的信使，它的开放，时时刻刻都在提醒着我们："你看！春来了。"

天山报春生长于潮湿的旷地、沟边和林缘，不耐高温和强烈的阳光直射，亦不耐寒，喜温凉湿润的环境。每年四五月，报春花成片或是零星地散布在草地上，纤嫩的花茎

天山报春（潘建斌 摄）

上娇小的花朵呈簇状生长，淡紫红色的花瓣轻薄纤小，花中间呈一圈黄色，犹如含羞的少女一样美丽可爱。

6.天生丽质 —— 斑唇马先蒿

斑唇马先蒿是列当科马先蒿属植物的一种，也叫管状长花马先蒿，在我国分布于西藏、四川、青海、云南、甘肃等省区，生于海拔2700~5300米的高原湖畔、溪流边、沼泽和湿草甸处。马先蒿属植物往往有好几种植物伴生，形成色彩斑斓的马先蒿群落，与埋头吃草的各色牛羊一同组成湿地

斑唇马先蒿（潘建斌 摄）

草地上最绚丽夺目的一道风景。斑唇马先蒿高10~20厘米，花为黄色，下部合生成细长的管（中空），上部呈二唇形，上唇仍细长但变狭为喙，且向右扭转卷曲，下唇有2个棕红色斑点，其天生丽质的曼妙姿态仿佛在向我们炫耀它的独特。

7.朴实无华 —— 葱状灯心草

葱状灯心草是灯心草科灯心草属的草本植物，在我国分布于陕西、宁夏、

葱状灯心草（潘建斌 摄）

葱状灯心草（潘建斌 摄）

甘肃、青海、西藏等地的山坡、草地和林下潮湿处，喜爱阳光。作为湿生型植物，可以保持水土，净化水质，常与其他种灯心草、水葱和芦苇伴生。葱状灯心草的花为白色，多个小花聚生于茎顶端一点，在花蕾期呈佛焰苞状，远看形似一棵正在开花的葱，灯心草属植物的茎细长挺立呈绿色，并有许多用处，其白色泡沫状的茎髓是一味很好的中药，也被民间晒干后制作成油灯的点火绳，俗称“灯芯”。此外，其茎还可用于编织席子、草帽等。

8.蓝色精灵——湿生扁蕾

湿生扁蕾为草本植物，在我国的陕西、甘肃、宁夏、青海、西藏、云南及四川均有分布，主要生长于河滩、湖边、山坡草地、林下等地。湿生扁蕾全草为一味中药，具有清热解毒的功效，在《西藏常用中草药》和《青海常用中草药手册》中分别又叫“龙胆草”和“沼生扁蕾”。湿生扁蕾株高可达40厘米，叶主要生于茎的下部，两片叶对生，蓝紫色的花在草丛中很是显眼，花的外廓呈细长圆筒状，只有上端裂为蓝紫色的四片并向外张开，下部未裂的部分为黄白色，在风的吹拂下，好似一个个轻盈的蓝色精灵，在绿色世界中曼妙地翩翩起舞。

四、飞禽走兽瞰湿地

1.湿地雕王 —— 白尾海雕

猛禽之所以是猛禽，除了其本身确实战斗力超群以外，也在

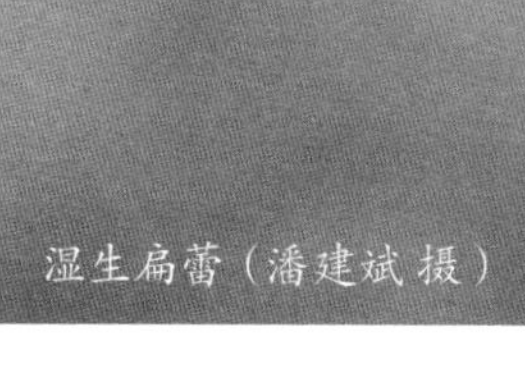

湿生扁蕾（潘建斌 摄）

白尾海雕（何廷业 摄）

于它们在同级别甚至更小体型的情况下能够压制其他鸟类。白尾海雕就是一种大型猛禽，它共有两个亚种：指名亚种和格陵兰岛亚种，我国分布的就是指名亚种。

就猎食能力而言，白尾海雕绝对是猛禽家族中的佼佼者。因为相比于那些捕鼠、捕蛇的猛禽，白尾海雕捕食的对象经常是狍子这样个头较大的猎物。当然，白尾海雕不局限于陆地上的食物，它还以鱼类为食，当它在低空飞行时，一双锐利的眼睛紧盯水下的鱼类，并瞅准机会把爪子伸入水中给猎物致命一击。

虽说属国家一级保护动物，但是从世界范围来看它们的繁衍状态是比较可观的。同时白尾海雕也是世界自然保护联盟认证的无危物种，它们的分布范围之广堪称是猛禽之最，整个欧亚大陆以及非洲西北部数十个国家都有原生白尾海雕繁衍生息。

2.钓鱼浪子——遗鸥

遗鸥是中型水禽，栖息于海拔

1200~1500米的沙漠咸水湖和碱水湖中，繁殖期在5月初至7月初，杂食性，繁殖期以水生昆虫等动物性食物为主，栖息于开阔平原和荒漠与半荒漠地带的咸水或淡水湖泊中。黄昏时刻，众多外出觅食的遗鸥纷纷归来，在水面上嬉戏、欢娱，一片十分喧闹壮观的景象。非繁殖的个体则自行结群生活，虽被称为“钓鱼浪子”，但事实上水生昆虫和水生无脊椎动物等才是它的主要食物。

遗鸥对繁殖地的选择更是近乎苛刻，只在干旱荒漠湖泊的湖心岛上生育后代。种群处于易危状态，国际鸟类保护委员会已将其列入世界濒危物种红皮书，我国将它列为国家一级重点保护动物。

遗鸥

3.流氓头子——渔鸥

有海滨或湿地漫游经历的人，或许见识过渔鸥“耍流氓”的厉害，它们经常趁人不备，以迅雷不及掩耳之势，偷袭或抢走人们手中甚至口中的食物，甚至啄伤路人，因此，常常被冠以“鸟界流氓”的恶名。而体长0.6米，翅展1.6米的渔鸥，则当得起“流氓头子”的称号。

尽管体型不小，渔鸥的捕鱼技巧却实在乏善可陈。它们更多的情况下会明目张胆地抢夺其他鸟类口中的猎物，或是盗食其他鸟类的蛋或幼鸟，有时甚至会吃一些小型啮齿动物和爬行动物，还会选择一些臭鱼烂虾来果腹。尽管其饮食不甚讲究，在衣着打扮上渔鸥却下足了功夫，它拥有冬、夏两套衣服。冬季衣着朴素，灰白混搭，白色的头顶裹一块灰黑色的斑纹头巾。可是一到了夏季就会盛装出席，头上变成了带金属光泽的黑色，眼睛上下出现了显眼的白斑，嘴的前端生出来鲜艳的红斑，仿佛不打扮高调一些就对不起自己“流氓头子”的身份一样。

尽管以人类的眼光看，渔鸥不免强梁霸道，但科学地来解释渔鸥选择的生存之道，不过是自然选择的进化之功。遗憾的是，强如

身着夏羽的渔鸥（丛培昊 摄）

渔鸥者，也会遭到某些胁迫，例如疾病。2006年，渔鸥重要的繁殖地之一青海湖爆发了H5N1亚型禽流感疫情，期间就有近千只渔鸥死亡。这么看来，“鸟界流氓头子”同样需要人类的关注与保护。

4.潜水大师——凤头䴙䴘

甘肃的湿地分布星罗棋布，在其中多数地区，都可能见到一种形态奇特的鸟类。它的名字也同样奇特：凤头䴙䴘（pì tī）。东汉著名文学家蔡邕在《短人赋》中，就有“雄荆鸡兮鹜鷿鹈，鹘鸠鶵兮鹑鷃雌”的名句，这里的“鷿鹈”和“鷿鹈”就是䴙䴘。

凤头䴙䴘的嘴直而尖，是天然的鱼枪；身体覆盖着羽毛，外层的正羽短而密，内层的绒羽松而软，形成了天然的保暖防水服；头部有两束向后的黑色羽毛，形成显眼的羽冠，繁殖期尤其明显，并因此而得名。凤头䴙䴘是游泳和潜水的高手，尤擅快速潜水，在上一秒它还在水面活动，下一秒就潜到了水下。它在水下冲刺捕食鱼虾昆虫等食物时，过几秒乃至几十秒后，才会从距潜入点较远的位置露头浮出水面。

凤头䴙䴘总是在水中活动，几乎很少上岸。它在水里觅食和休息，甚至连交配、营巢和孵化也在水中进行。繁殖期它用芦苇和水草做出一个漂浮在水面的巢，产卵后雌雄轮流孵化。特殊的生活习性与其身体结构有关，它为了高度适应水生生活，以至后肢在身体的位置发生了明显的变化，其腿与体躯的连接处极度后移，几乎位于身体的末端。不难理解，这种结构在运动力学上很难适应在陆地上行走，却能在水中产生强劲的推动力。

配对的凤头鸊鷉（丛培昊 摄）

正在孵化的凤头鸊鷉（丛培昊 摄）

5.红与黑 —— 黑水鸡

如果想在淡水湖泊和水库的周边散步休憩，很有可能会在靠近堤岸的静水水域，特别是茂密的芦苇、香蒲丛中看到一种羽色纯黑，头戴小红帽，或在潜水，或在漂游，或在行走的腿杆黄绿色的水鸟，它就是黑水鸡。

黑水鸡叫“鸡”而不是鸡，其分类地位和鹤类的亲缘关系更近。身体呈黑灰色，头上却有个红色的“冠”，其实这是它头部的特殊结构“额甲”，比较坚硬，因此又得名“红骨顶”。额甲和嘴基连在一起形成一抹艳红，再与体色这么一搭配，看上去竟似乎有些惊艳。作为鹤的远亲，黑水鸡具有嘴长、腿长、趾长的特征，能够很好地适应在柔软不平的湿地行走。它杂食性，怕冷，在长江以南可以常年定居，但在甘肃却只有在夏季才能见到，秋天会飞往遥远的南方过冬。

6.苦旅行者 —— 赤麻鸭

赤麻鸭是甘肃湿地最常见的鸭类之一，它通体橙黄色，俗称“黄鸭”。性二态不明显，但雄鸟的颈部基部有一道黑色的颈环。

赤麻鸭的分布区基本覆盖了大半个欧亚大陆，繁殖栖息于内陆开阔

黑水鸡（丛培昊 摄）

正在觅食的赤麻鸭（丛培昊 摄）

的淡水、咸水湖和滨河滩涂，尤其偏爱位于开阔草原、高地高原和山区的湿地和水漫过的草滩。在甘肃省内，无论是黄河水系的诸多湿地，还是环境各异的河西走廊三大内陆河（疏勒河、黑河、石羊河）流域，都能见到赤麻鸭装点湿地的身影。无论是倒映着合黎山地和岸边遍布盐碱地的黑河湿地，还是党河南山北麓盐池湾地区的高寒湿地，都能听到赤麻鸭那温柔独特的叫声。这一抹亮丽的橙栗色，绘出了大漠高原上少有的生态景观。

在繁殖季节，赤麻鸭经常夫妻成对活动，巢址选择在离湿地很远的山区悬崖峭壁上的裂缝，甚至是废弃的建筑物和农场棚屋等场所。赤麻鸭杂食性，无论是植物的嫩芽、种子，还是水生的鱼虾等小动物，都是它喜爱的食物，它还非常爱吃蝗虫。

7.家鸭之祖 —— 绿头鸭

对于绿头鸭而言，“绿头”只是雄性的专利，雌性却是一身麻衣，朴实无华，甚至可说毫不起眼。异性之间的外貌差异，甚至严重迷惑了18世纪的著名瑞典科学家，生物分类学的“老祖宗”林奈，他居然曾经非常笃定地把绿头鸭的两性分别鉴定成了两种不同的鸭！古代中国也有朴素的“动物分类学”，赋予绿头鸭一个特殊的名字：“鹜”。宋人罗愿所著的《尔雅翼·释鸟》中对此有颇为详细的阐释，明确指出“鹜首深绿”的鉴别特征，这比林奈早了近600年。然而再一联想，《滕王阁序》里“落霞与孤鹜齐飞”的名句其实写的是满天红霞里飞过了一只雄性绿头鸭，

绿头鸭（张立勋 摄）

则不免顿失了几分意境。

出人意料的是，与显眼的头部一样，低调的尾巴也是其重要的识别特征，两枚中央尾羽向上弯曲，呈钩状，有时甚至形成一个小卷卷，这就为观鸟爱好者辨识出它提供了依据。

绿头鸭是世界上绝大多数家鸭的祖先。大名鼎鼎的“北京烤鸭”的原材料“北京鸭”，就是绿头鸭的人工驯化品种。当然，家鸭品种仅我国就有30多个品种。被列入我国三大名鸭的高邮鸭，还保留了绿头鸭的羽色——其雄鸭乍一看上去几乎很难与雄性绿头鸭相区分，甚至连尾巴上的小卷卷也保留了下来。

很多人都知道家鸭通常不会孵卵，事实上也的确如此。在各种孵化机器被发明以前，孵化工作一般都是由家鸡代劳的，家养后代是在何时以及如何丧失了孵卵能力，至今还是个未解之谜。

8.穿越珠峰——斑头雁

斑头雁是典型的高原雁类，它中等体型，头顶有两道黑色的带斑，在白色头上极为醒目，它也因此得名。斑头雁是一种非常适应高原生活的鸟类，在迁徙过程中能飞越珠穆朗玛峰，研究表明，它能在约8小时内飞过喜马拉雅山。

科学家们还发现，斑头雁比其他鸟类拥有更多的毛细血管，这意味着拥有着更高效率的红血球。同时，它们的血红蛋白与氧气结合的要更快，从而能够很好地适应低氧环境。它们栖息于青藏高原各大湿地，营群居性生活，繁殖期营巢于河心岛、湖心岛、沼泽地和崖壁上，雏鸟破壳后便可下水游泳。冬季迁徙至西藏河谷和尼泊尔、印度等地越冬。

9.家书传情——鸿雁

提到鸿雁，人们可能首先会想到它在古代诗词里的种种意象，可能是“鸿雁及时到，江湖秋水多”的思乡之情；也可能是“何处秋

刚破壳的斑头雁雏鸟（张立勋 摄）

斑头雁（张立勋 摄）

物候：是指生物长期适应温度条件的周期性变化，形成与此相适应的生长发育节律，这种现象称为物候现象，主要指动植物的生长、发育、活动规律与非生物的变化对节候的反应。

风至？萧萧送雁群”的羁旅感伤；亦或是“孤鸿号外野，翔鸟鸣北林”的悲惨际遇。秋日里，总有这样一副画面让人记忆深刻：一群大雁在天空中呈“人”字形或“一”字形排列，下方有几片船帆，飘荡在被夕阳温暖的江面。这样的场景穿越时空，直至今日仍被人们念念不忘。只可惜，随着人们不加节制的狩猎以及对环境的破坏，这种鸟的种群数量明显下降，如今已经成为易危物种。

鸿雁在古代是传信的使者，这与它的准时迁徙习性是分不开的。“八月初一雁门开，鸿雁南飞带霜来”，在古代并没有天气预报，人们必须依靠自然界的物候变化来预测天气，这时，鸿雁迁徙的准时性显得尤为重要。从战国魏襄王墓中的木简记载的“雨水又五日鸿雁来……小寒之日雁向北”可知，在某些地区，鸿雁的出现与消失，甚至可以精确到日。

鸿雁

黑翅长脚鹬（张立勋 摄）

10. 高跷芭蕾舞演员——黑翅长脚鹬

鹬（yù）类的体型、羽色、习性、食性都不尽相同，但若说到身形最为修长窈窕者，恐怕非黑翅长脚鹬莫属。细长的嘴黑色，但它最引人注目的还是那双长到离谱的血红色长腿，和《山海经》《镜花缘》中描述的长股国国民的腿一样，与身高完全不成比例。第一眼看到这种鸟的时候，你会怀疑自己的眼睛，感觉它脚下是不是踩着高跷。不错，黑翅长脚鹬的别名之一就是“高跷鹬”；更有趣的是，它的英文名字叫作Black-winged Stilt，意思就是“黑翅高跷”。

每年春季，雄鸟换上永不过时的黑白配夏装，在沼泽地带和浅水滩涂中步履轻快地缓步行进，搜寻水生昆虫、软体动物、小鱼虾和蝌蚪等可口的食物。进入繁殖季节，雄鸟踩着高跷般大长腿，开始找觅伴侣，跳着各式水中芭蕾，以得配偶的青睐来繁衍子嗣。当它需要宣示巢区的领地主权时会迅速飞起，在空中轻松异常地盘旋或悬停。

11.诈伤高手——金眶鸻

全世界大约有200余种鸻鹬类，我国有近80种。与鹬类相比，鸻（héng）类的嘴通常会比较短一些，觅食行为也存在着差异：鹬类通常会利用嘴长的优势，将嘴插入泥

金眶鸻（丛培昊 摄）

沙之中，依靠触觉来探寻食物，而它们总是被观察到在一个地点不断地用嘴探食，或是一边匀速前进一边探索食物；与鹬类的“触觉流”相比，鸻类则是不折不扣的“视觉流”，它们主要依靠敏锐的视觉来发现食物，因此会表现为短促地站立着寻找食物，待发现后便会快速“冲刺”奔向目标。

在甘肃丰富的湿地生态系统中，繁殖季节都不难找到金眶鸻的靓影，最耀眼的当属那副金黄色的眼镜了。它们上体沙褐色，下体白色，颈部有明显的黑色领圈，眼睛周围和前后都是黑色，并与头顶的黑色相连。在开阔的泥地滩涂上，往往能看到它们一冲一停的觅食行为，它的食物主要是昆虫、蠕虫、蜘蛛、小型软体动物和甲壳类动物。

别看金眶鸻个子小，飞行能力却丝毫不弱。每年秋季，它们都要从我国北方乃至更加遥远的西伯利亚等繁殖地，飞到我国云南，东南亚地区和印度等地越冬，待到度过漫长的冬季之后，来年春天再次返回繁殖地。因为个头小，无力对抗天敌，如果遇到敌害出现在自己的巢附近，金眶鸻还有个“诈伤”诱敌的秒招。它会飞到巢以外的区域，然后表现出翅膀或腿有伤的样子，一瘸一拐地向远离巢的方向移动，把敌人诱离巢址，再抽空逃开。

12.尤胜惊鸿——大白鹭

“一行白鹭上青天”在我国几乎是人人能诵，可说起鹭类，很多人其实并不熟悉。它们羽色各异，但都有着“长嘴、长颈、长脚”的“三长”外型。

大白鹭是5种鹭类中个体最大的，体长接近1米，长长的颈部弯曲成特殊的S形。有趣的是它的嘴，冬季是黄色的，繁殖季节则会变为黑色。虽然平时不爱活动，可一旦飞起来，大白鹭却真的足以令人惊艳。它张开的翅膀薄的似乎有些透明，长而弯的颈部尽

大白鹭（张立勋 摄）

显曲线的完美。当目睹它缓缓地向天空飞升时，文人骚客的创作灵感想必也会汩汩涌现。曹植的《洛神赋》中用“翩若惊鸿”来比喻美女的体态之轻盈，但“鸿”者雁也，惊飞的大白鹭又怎及飞行中的白鹭那般纯洁无暇、仙灵飘渺呢。

13.守株待兔 —— 苍鹭

苍鹭是我国最常见的大型鹭类之一。它捕鱼时常常会站在水边一动不动持续几个小时，颇像一个静坐垂钓的老人，因此被称为“老等”。

苍鹭喜欢把巢穴建在各种水域附近，它们对建巢地点的要求较低，树上、水草从或是芦苇荡都可以。在筑巢时，伴侣分工

苍鹭（张立勋 摄）

普通鸬鹚（张立勋 摄）

明确，配合默契，一般雄鸟负责搬运树枝、枯草、芦苇杆等巢材，雌鸟则负责搭建，夫妻俩还真是做到了相濡以沫呢。

14.捕鱼达人——普通鸬鹚

普通鸬鹚（lú cí）分布甚广，除南极洲与南美洲，其他大洲都有分布，在中国也占据了非常广阔的生存空间。它在中国北部与西部主要是季节性候鸟，在长江流域以南地区则可以作为留鸟生存。

说到捕鱼，普通鸬鹚绝对是高手中的高手。它们在捕猎时可潜入水中追捕鱼类达40秒，在水下翅膀可以协助脚蹼共同划水，能完成突袭与急转等高难动作，再配上它出其不意的捕猎技巧，很少有猎物能从其手上逃脱。历史上，普通鸬鹚与人类的关系非常密切，人类很早就发现了鸬鹚出色的捕鱼能力，并开始驯化它们为自己捕鱼。据文献资料记载，我国驯化鸬鹚并开展渔业生产最早的可靠记录是在东汉时期。唐代诗人杜甫在诗作《戏作俳谐体遣闷二首》中有介绍当时三峡地区风俗的诗句："家家养乌鬼，顿顿食黄鱼。"这里的"乌鬼"就是鸬鹚，到明清时期，在中国南方的大部分地区，饲养鸬鹚捕鱼已经是当地渔民的一种普遍生产方式。

在湖畔休息、晒羽的普通鸬鹚（丛培昊 摄）

15.黑白精灵 —— 白鹡鸰

白鹡鸰（jí líng）比麻雀略大，体羽黑白分明，经常成对活动。它是捕虫能手。甲虫、蝴蝶、蛾类、毛虫、蚊蝇、蛆虫、蜂类、蝗虫、蜘蛛等，都是它的美食。它飞行时的轨迹呈波浪形，非常灵动，就连站立停息时，也会将尾巴不停地上下摆动，显得俏皮精明。因为这个特征也派生出了白鹡鸰的英文名“White Wagtail”，直译过来就是“白摆尾”的意思。

在我国北方，白鹡鸰主要在4月初到8月繁殖，它们会结成一夫一妻，夫妻都会积极筑巢。巢营造在河岸、墙壁或桥梁上的洞或缝隙之中，由树枝、草茎叶和苔藓组成，内衬动物的毛发或羽毛。在我国，白鹡鸰还有几种近亲，如黄头鹡鸰、黄鹡鸰、灰鹡鸰、日本鹡鸰等等，它们的体型相近，生活习性和食性也基本相似，只在羽色上有明显的差异。根据国际鸟盟2015年的估计，白鹡鸰全球种群数量大约为1.35亿~2.21亿只，也许白鹡鸰就是我们身边最常见的湿地鸟类吧。

鲁迅在《从百草园到三味书屋》中写道：“白颊的‘张飞鸟’，性子很躁，养不过夜的。”说的就是白鹡鸰了。再溯古而上，早在我国文学史上最早的诗歌总集《诗经》里，就提到了它，《小雅·常棣》有云“脊令在原，兄弟急难”，这里的“脊令”通“鹡

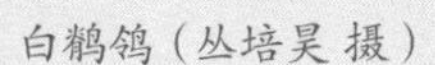

白鹡鸰（丛培昊 摄）

鸰”。刘备的老师、东汉末年的大儒郑玄曾在《诗笺》中对此句做出了解释：鹡鸰本是水鸟，可荒原上的鹡鸰离开了有水的环境，流离失所，因而大声呼救，正如兄弟在危难时一样。明明是用之以叙人伦，却不经意地彰显出郑玄的博物学知识也甚是了得。诚如斯言，白鹡鸰很喜欢有水的环境，虽然它属于雀形目鸟类，是麻雀的远亲，在欧亚大陆、非洲北部等地区，广阔的非森林区域都能见到白鹡鸰的身影，包括潮湿和较干燥的地区，但是它更倾向于选择有水源的栖息地，譬如河流、湖岸、海岸、村庄和农田。在城市生活的人们，更有可能在公园，特别是有喷灌、滴灌的绿地、花圃附近发现它的踪迹。

黄头鹡鸰（丛培昊 摄）

旱地农业

第六章　旱地农业

甘肃是我国农业发展最早的省区之一，农业类型多样，包括绿洲农业（灌溉农业）、雨养农业或梯田农业等。甘肃河西走廊地区是我国最重要的玉米杂交种、瓜菜制种基地，也是甘肃最繁荣的绿洲农业区。甘肃中部的黄土高原地区，水资源缺乏，但是勤劳智慧的人们创造性地修建了梯田和储水设施，形成了一条雨养农业、梯田农业组成的独特风景线。甘肃东部，即陇东地区，享有“陇东粮仓”的美誉，是本省多种农业积极发展的重点区域。相传中华民族的人文始祖伏羲、女娲诞生在甘肃，西王母降凡于泾川县回中山，周人崛起于庆阳，秦人肇基于天水、陇南，天下李氏的根在陇西。在甘肃这片厚重的黄土地上，人们战天斗地，跨越八千余年，一直在这里耕作繁衍。

一、绿洲农业

1.沃野绿洲

绿洲是一种独特的地理景观，指在干旱荒漠中有水源，适于植物生长和

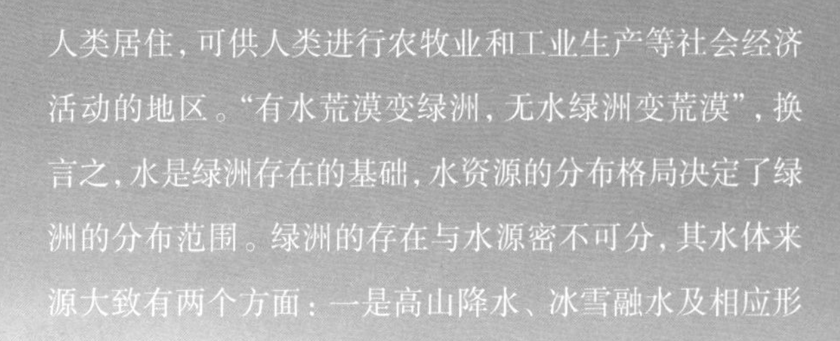

人类居住，可供人类进行农牧业和工业生产等社会经济活动的地区。“有水荒漠变绿洲，无水绿洲变荒漠”，换言之，水是绿洲存在的基础，水资源的分布格局决定了绿洲的分布范围。绿洲的存在与水源密不可分，其水体来源大致有两个方面：一是高山降水、冰雪融水及相应形

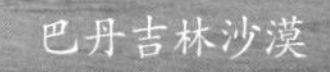

巴丹吉林沙漠

腾格里沙漠

库姆塔格沙漠

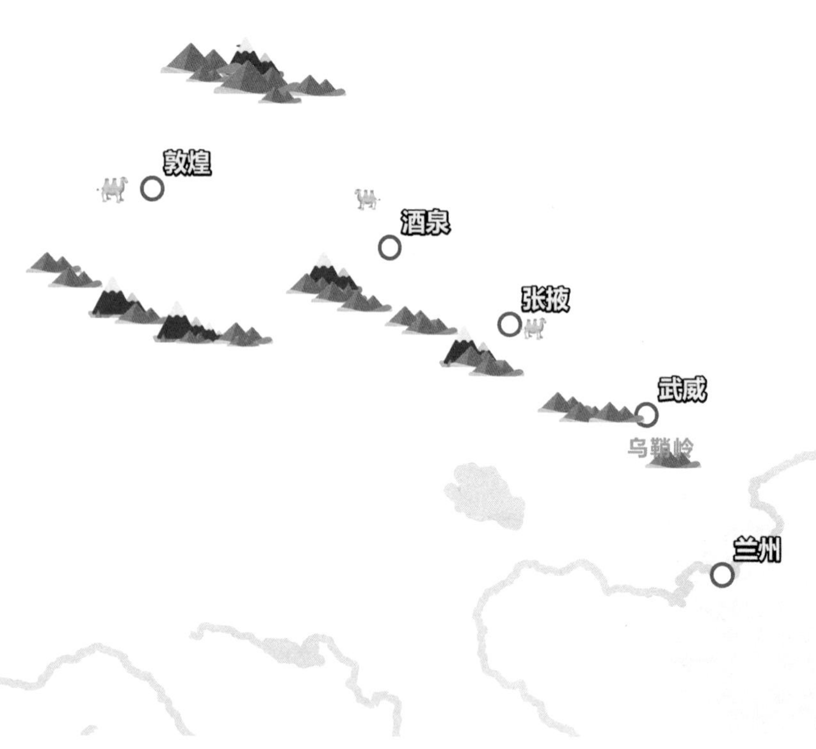

河西走廊简图（董晓雪 制）

成的地表径流和地下水，以我国新疆、河西走廊的绿洲为代表。在西北内陆干旱区，冰川融水的重要性尤其突出，如塔里木河各源流区冰川融水补给比例多达 30%~80%。正是由于冰雪的存在，才使得我国深居内陆腹地的干旱区形成了许多人类赖以生存的绿洲，也使得我国干旱区有别于世界上其他地带性干旱区。这种冰雪—绿洲景观及其相关的水文和生态系统稳定持续存在的核心是冰雪，没有冰雪就没有绿洲。二是流量较大、水量较稳定的常年性河流，我国以银川平原、河套平原为代表，世界上北非的尼罗河谷地亦属此例。

因此，绿洲一般呈带状或点状分布在大河沿岸、洪积扇边缘地带、井泉附近及有高山冰雪融水灌溉的山麓地带。这些地方植物生长良好，林木葱郁，流水潺潺，犹如散布在广袤沙漠中的绿色岛屿，亦像沙漠魔法师手中的明珠，散发着神奇的色彩。在甘肃省，腾格里沙漠、巴丹吉林沙漠与库姆塔格沙漠三大沙漠盘踞在省境的北部和西部，散布在这里的绿洲与周围沙漠、戈壁景色迥然不同。省境内大大小小的绿洲星罗棋布，主要集中在河西走廊一带，分布在古浪、武威、金昌、民勤、山丹、民乐、张掖、临泽、高台、酒泉、金塔、玉门、安西、敦煌等县市。

◆河西走廊绿洲

从兰州出发，越过乌鞘岭，便正式进入河西走廊。河西走廊依次经过东端凉州（武威）、甘州（张掖）、嘉峪关、肃州（酒泉），再到西端瓜州、沙

河西张掖绿洲

州（敦煌），一直延伸到玉门关附近。长约900千米，宽数千米至近百千米，为东南—西北走向的狭长平地，形如走廊。因位于黄河以西，故称河西走廊。以黑山、宽台山和大黄山为界将走廊分隔为石羊河、黑河和疏勒河3大内流水系，均发源于祁连山，由冰雪融化水和雨水补给，冬季普遍结冰。

河西走廊绿洲直接、间接以高山降水和冰雪融水为其生命源泉，可利用的水资源量基本决定着绿洲的规模和承载力。可见，水资源在绿洲生态系统中占有核心地位，是绿洲盛衰的主要制约因素。祁连山北麓一带较干旱，景观与平地相似，多为荒漠或荒漠草原。而发源于祁连山高山冰雪区和中山森林草原带的大小河流，汇聚在山前倾斜平原或山间盆地，形成串珠状的沃野绿洲，成为茫茫沙漠中绿色生命的家园，为人类活动提供了广阔的历史舞台。正如《资治通鉴·宋纪·宋纪五》所云："姑臧城南天梯山上，冬有积雪，深至丈余，春夏消释，下流成川，居民引以溉灌。"

河西走廊绿洲主要依托3大河流，分别是石羊河、黑河、疏勒河。由石羊河中下游至疏勒河中下游，共有较大的绿洲18处，总面积19350平方千米，占河西走廊面积17.4%。各绿洲由东向西北部，面积逐渐变小，其中以武威、古浪绿洲最大（3320平方千米），张掖、高台绿洲次之（3230平方千米），走廊最西端的南湖绿洲最小（仅30平方千米）。

石羊河发源于祁连山脉东段冷龙岭北侧的大雪山，上游祁连山区降水丰富，有64.8平方千米冰川和残留林木，是河水源补给地。石羊河全长250千米，全水系自东而西，河系以雨水补给为主，兼有冰雪融水。石羊河贯穿武威盆地，盆地中心冲积、湖积平原面积约6000平方千米，这里地势平坦，水文条件较好，农地集中连片，是石羊河流域的主要粮食产区，素有"银武威"之美称。

石羊河（王明浩 摄）

黑河（上）疏勒河玉门源头（下）
（高文婷 摄）

黑河发源于祁连山脉中段的八一冰川，在鹰落峡口出山后进入张掖盆地，与其两侧各支流联合形成广袤的洪积扇和冲积扇群戈壁滩与冲积平原，在张掖、临泽、高台之间及酒泉一带形成大面积绿洲。这里水源充足，农业潜力较大，历来为河西政治、经济中心，历史上有"金张掖"之称。

洪积扇、冲积扇：河流出山口后变为多河床辫流形成的一种扇状堆积地形。

冲积平原：在大河的中下游由河流带来大量的冲积物堆积而成。

疏勒河发源于祁连山脉西段托来南山与疏勒南山之间，全长540千米，流域面积20 197平方千米。上游祁连山区降水较丰，冰川面积达850平方千米。中下游及其支流党河下游在山前冲积扇边缘地带形成绿洲。自西汉建立敦煌郡以来，敦煌、冥安（今布隆吉）、效谷（今城湾）、渊泉（今柳河）、广至（今破城子）、龙勒（今南湖）等地均位于绿洲区。例如，布隆吉、柳河及破城子，均位居疏勒河昌马冲积扇前缘洼地绿洲带；南湖、敦煌及城湾，则分别位于党河冲积扇西翼、东翼及北缘洼地的绿洲区。

祁连冰川雪山（韩春 摄）

◆绿洲明星水源

冰川是河西地区特有的自然景观，也是水资源的重要组成部分，在自然生态环境演变与干旱区绿洲文明发展史上有着举足轻重的地位。祁连山脉冰川雪山灌溉绿洲成为河西走廊经济发展和人民生活的命脉。

“七一”冰川在肃南裕固族自治县西部，陶赖山北坡，距嘉峪关市约116千米，全长约30千米，冰川面积约5平方千米。“七一”冰川系中国科学院兰州分院的科学家和苏联专家于1958年7月1日发现，并以登上冰川的日期命名。它的被发现，标志着中国冰川研究的起步，所以有着特殊的地位。

老虎沟冰川在肃北蒙古族自治县东，祁连山支脉大雪山北坡，长88千米，宽20~30千米，山地面积约2200平方千米。老虎沟内的12号冰川，又名“透明梦柯”冰川，于1959年被中国科学院高山冰川研究站发现。“透明梦柯”是蒙古语，意为高大宽广的大雪山，是祁连山区最大的山谷冰川。

红崖山水库，处于腾格里和巴丹吉林两大沙漠的包围之中，距民勤县城30千米，是一座沙漠洼地蓄水工程，亚洲最大的沙漠水库。水库只有西面依红崖山而建，其他三面都是人工所筑，而且

红崖山水库（李亚鸽 摄）

青土湖（高文婷 摄）

又修建在沙漠中，1979年被中央电视台列为“中华之最”，被人们誉为“瀚海明珠”。它似一颗镶嵌在大漠里的熠熠明珠，柔化了大漠的荒凉与旷然，从源头向东南一路流淌，穿越无数沙丘和一个个小型湖泊、池塘，把一块块绿洲连成了一片。在这里，江南水乡、塞北田园、大漠风光经纬分明，又浑然一体。

青土湖是民勤县最大的湖泊，1959年完全干涸沙化，腾格里和巴丹吉林两大沙漠在此成功会面，不再痴痴相望。流沙以每年8~10米的速度向绿洲逼进，严重威胁了邻近乡镇的人居环境和道路畅通。关于青土湖的历史变迁，一位民勤诗人这样写道：“别忘了，三千年前这里还是一片古海，三百年前这里还是波光粼粼，三十年前这里仍有鸭塘柳林，而三十年后，三十年后的今天，你们却只落得，一片荒漠，一道秃岭，一双呆痴的目光，两片干裂的嘴唇！”毫不夸张地说，青土湖是民勤生态变化的晴雨表。2010年11月30日，《人民日报》报道：青土湖重现碧波，出现约3平方千米的水面，这标志着经过3年的生态治理，中国三大沙尘策源地之一的甘肃省民勤县生态环境恶化趋势得到有效遏制。

在鸣沙山群峰环绕中，镶嵌着一泓东西长200余米、南北宽约50余米、水深约5米宛如弯月的碧水，这就是声誉中外的月牙泉。月牙泉位于敦煌市南5千米处，与鸣沙山堪称沙漠绿洲中的一绝，具有“天下沙漠第一泉”的美称。月牙泉泉水清澈见底，味美甘甜，尽管一年四季受到狂风飞沙的袭击，却依然碧波荡漾，泉水潺潺。月牙泉边，白杨树亭亭玉立，垂柳舞带飘丝，沙枣香气袭人，芦苇多姿摇曳，鸟语花香，风景如诗如画。

2.绿洲农业

在农业生产上，绿洲具有明显的优势。绿洲与沙漠、戈壁同处于干旱地区，气候上有许多共同点，特别是光照和热量条件共性较多。这里光能资源丰富，太阳辐射总量大，温度春高秋低，昼夜温差大，所以有利于光合作用产物

鸣沙山下月牙泉

的积累，农作物果实中糖分和蛋白质含量较高。在水源和肥料有充分保证的条件下，农作物产量往往较高，质量优良。农作物种植面积的大小主要取决于灌溉水源数量的多少，一般以种小麦、棉花、玉米等作物为主，在水源特别丰富的局部地方，也种植水稻，如张掖绿洲等。

绿洲位于有利的地貌部位，土层深厚，既有灌溉之利，又无土壤盐渍化之虑（特别是老绿洲），加上日照丰富，农业常可获得稳产高产，成为“荒漠中的明珠”。干旱区沙漠、戈壁广布，气候干燥，自然条件严酷，农业的特点是“非灌不殖”“地尽水耕”，也就是说“没有灌溉就没有农业”。只有在那些具有稳定地表水源的河流沿岸和地下水源较丰富的潜水溢出带，人们才能引水灌溉，使光、热、水和生

张掖绿洲农业

白兰瓜（李亚鸽 摄）

物资源得到结合，栽培植物，饲养牲畜，发展农业。这是绿洲农业不同于一般农业地区的一个最主要特点。

河西走廊绿洲农业历史悠久，是甘肃省重要的农业区。它提供了全省三分之二以上的商品粮，几乎全部的棉花和甜菜，一半以上的油料（胡麻）和瓜果蔬菜。春小麦、糜子、谷子、玉米、高粱、马铃薯以及少量的水稻是河西走廊平地绿洲区典型的农作物。山前绿洲区以夏杂粮为主，种植青稞、黑麦、蚕豆、豌豆、马铃薯和油菜，瓜类有西瓜和白兰瓜，果树以枣、梨、苹果为主。因此，甘肃的河西走廊是全国闻名的瓜果之乡，是西北地区最主要的商品粮食基地和经济作物集中产地，被认为是西北著名的粮仓。

白兰瓜是甜瓜的一种，原产于美国，称为“蜜露”。种子于1944年由美国副总统华莱士带至甘肃兰州，故得名“华莱士”。后来，又一度改名为“兰州瓜”。因瓜皮纯白、获源于兰州，1956年邓宝珊省长提议更名为“白兰瓜”。“四个扁担八个叉，四十八片叶子一个瓜”，即每株4枝主秧，8枝侧秧，48片叶子留瓜一个，是对白兰瓜生长情况的高度概括。白兰瓜香甜汁多，享有“香如桂花，甜似蜂蜜”的美誉，实属瓜中一绝。

3.绿洲防护林

防护林以防御自然灾害、维护基础设施、保护生产、改善环境和维持生态平衡等为主要目的。人工防护林一般呈片状、带状和网状，由天然林划定的水源涵养林、水土保持林也是防护林的一种。整体上，按照防护目的和效能，可分为水源涵养林、水土保持林、防风固沙林、农田牧场防护林、护路林、护岸林等。

绿洲防护林主要是为了保护风沙危害严重地区的农田，沿水渠、道路营造树木。因此，也称为农田防护林。农田防护林是指将一定宽度、结构、走向、间距的林带栽植在农田四周，通过林带对气流、温度、水

绿洲防护林（李亚鸽 摄）

分、土壤等环境因子的影响，来改善农田小气候，减轻和防御各种农业自然灾害，创造有利于农作物生长发育的环境，以保证农业生产稳产、高产，并能对人民生活提供多种效益的一种人工林。

河西走廊风向多变，武威、民勤一带以西北风为主，嘉峪关以西的玉门、安西、敦煌等地以东北风和东风为主，安西素有“风库”之称。因此，防护林在河西走廊绿洲中具有重要的保护作用。为防止风沙和干热风侵袭绿洲地区，采用钻天杨、青杨、新疆杨、沙枣等，营造防风林带，效果显著。

在甘肃民勤，以马俊河为代表的治沙先锋们视“沙海变绿洲”为梦想而不懈努力着。网络募捐、召集志愿者、成立拯救民勤志愿者协会、创办网络平台、借助多媒体传播民勤生态现实等一系列事情，引起了不少人的关注，多方人士积极参与到“拯救民勤”的行动中来。截止2014年，他们已经种植了3000多亩的梭梭。这份坚定的守护，实属不易，但实实在在地萌发了希望。梭梭成活率在90%以上，使沙漠有了新绿。

甘肃省绿洲农田基本实现了林网化，河西走廊累计营造农田林网653平方千米，保护农田6000多平方千米。河西12个平原县全部实现了平原绿化达标，形成了以乔木为主、乔灌草搭配、带片网结合、渠路林田相配套的防护林体系。

民勤的绿色卫士（高文婷 摄）

农田林带（崔月 摄）

二、雨养农业

从作物生长所需水分的主要供应来源来看，农业生产类型有雨养农业和灌溉农业两种。在雨养农业系统中，作物生长所需要的水分完全来自自然降水，因此，即便长期无降水而田间出现了旱情，也不能或无法得到灌溉补水来缓解干旱胁迫。灌溉农业系统则与此迥异，除自然降水外，还能利用灌溉工程设施来供应水分，当田间出现旱情时，可及时进行灌溉。随着科学理论、技术和配套设施制造的进步，现代"雨养农业"的内涵有了极大的发展，在降水偏少地区发展出了利用人工设施收集雨水来进行无降水时段灌溉补水的方式。此外，以降水量的多寡为依据，可将雨养农业分为干旱区雨养农业和湿润区雨养农业两种，在甘肃陇中、陇东地区主要实行的是干旱区雨养农业。

雨养农业：是指无人工灌溉而仅靠自然降水作为水分来源满足作物水分需求的农业生产模式。

灌溉农业：是指以灌溉的方式保证作物水分需求的农业生产模式。

甘肃河西走廊地区以灌溉农业为主，祁连雪山是农业的守护神，雪山融水滋养着土地，孕养着黎民百姓。在甘肃中部黄河流经的局部地区，黄河水提灌能一定程度上满足农业生产活动对水分的需求。然而，陇中、陇东大部分地区自然降水稀少，而且年内季节间降水分布不均匀，6~9月的降水量可占到全年总降水量的二分之一至三分之一，与作物的水分需要在时空上严重错位，制约着农业快速高质量发展。在这类地区，农田灌溉成为奢望，只能被动地依赖自然降水来安排农业生产活动，农业生产表现出明显的“靠天吃饭”的特点。虽然这里的自然禀赋相对较差，群众的生活条件艰苦，但是，“一方水土养一方人”，当地人民攻坚克难，不断创新，积累和总结出了一系列独具特色的雨养农业模式和技术措施，其中最具代表性、发挥作用最强、应用范围最广、推广面积最大的当属梯田耕作。

1.雨养农业制度

在长期的农业生产实践中，甘肃雨养农业区形成了适合本地的耕作制度，主要包括作物种植制度和相配套的养地制度。作物种植大多以单播为主，采用作物轮作或连作模式，一年一茬或两年一茬。在养地方面，对坡耕地集中进行梯田建设，结合土壤培肥、优化施肥管理、合理耕作以及农田保护等系列措施，维持和改善土壤活性和肥力。在农业生产活动中，人们总结形成了“驴、马、骡粪上凉地，猪粪上薄地，牛粪上沙壤地，羊粪上地大增产”的畜肥施用模式。在土壤耕作方面，一般采用夏粮收后深翻伏耕，晾晒土壤，达到杀菌熟化效果，从而为后茬作物种植打基础。

甘肃雨养农业区适宜种植利用的作物种类繁多，用途多样。大面积种植的粮食作物主要有冬小麦、玉米、荞麦、糜谷、洋芋和豆类等20多种，是当地人们的主要口粮来源。人们还长期种植利用油菜、胡麻、向日葵等油料作物获取食用油。经济类植物的种植历史悠久且品类极多，包括党参、黄芪、当归等多种中药材以及苹果、桃、梨、杏、李等果木。此外，随草牧业发展和生态建设需要，紫花苜蓿、红三叶、猫尾草等优良牧草的种植利用也日益受到重视。

作物轮作：是指在同一块田地上，在一定年限内，根据不同作物的生长和生产特性及其对后茬作物的影响，按照一定顺序循环种植的作物种植方式。

2.雨养农业技术

甘肃雨养农业区集中分布于黄土高原，地势复杂，沟、峁、梁、川、塬交错分布。其中塬面宽阔，适于机械化耕作，是重要的农业区，如甘肃东部的董志塬，素有“八百里秦川不如董志塬边”的美誉。相比于塬面，梁、峁、川等地势相对陡峭，土壤贫瘠且水土流失严重，农业生产效率低，严重制约着当地经济发展。为满足人们生活需要，提高农业生产力，人们在这片土地上开展了长时间的雨养农业实践，创新性地利用和发展了多种雨养农业技术，如梯田耕作、覆膜栽培、保护性耕作、轮作等，取得了显著的社会、经济和生态效益。

雨养农业区的梯田是在坡地上沿等高线方向修造的带状台阶式的田地。田块的阶梯式分布使作物可得到良好的光照和通风，而田块上下交错且地面相对平整则有利于汇聚作物生长和生产所需的水分和营养物质，能大幅度减小丘陵山坡的水土流失，因此，梯田具有明显的蓄水、保土、增产作用。修造梯田时，应最大限度地保留原有熟化程度较高的表土，并进行适度深翻耕，以建立新的耕层结构。在此基础上，配合采取施用有机肥、种植适当的先锋作物等农作措施，能够尽快提高土壤肥力，最终实现丘陵坡地水土流失减小而土地生产力提升的目标。

在实际生产中，应充分考虑坡度、土层厚度、可用的耕作方式、劳动力多寡和经济水平等来确定梯田的宽度。梯田的修造往往与交通道路的建设统一规划。按照田面坡度的不同，梯田可大致分为水平梯田、坡式梯田、复合式梯田等，甘肃雨养农业区以水平梯田为主。这些梯田在甘肃省庆阳、陇南、平凉、定西、白银等地区随处可见，其中最为壮观的要

保护性耕作：是指通过采用少（免）耕、地表覆盖、合理种植等综合配套措施减少农田土壤侵蚀的可持续农业技术。

数庄浪梯田。

庄浪县是“全国梯田化模范县”。从1964年开始，庄浪人付出了两代人的心血，进行了长达35年的大规模梯田建设，义务投入劳动力5670

陇上梯田

万人次，使庄浪县成为了中国北方的“梯田王国”。为了修造这些梯田，人们累计移动了2.76亿立方米的土方，如果把这些土方堆成1立方米见方的土堤，那么这条长堤足可以绕地球六圈半！在1998年5月25日，《人民日报》头版头条报道了庄浪人三十余年修造梯田的伟大壮举，引起了包括以色列、日本、美国等在内的多个国家的相关领域专家们的浓厚兴趣，也得到了国内民众的广泛关注。截至2005年底，庄浪县水平梯田修造面积累计近660平方千米，占该县耕地总面积的95%以上。庄浪县的农田已由昔日水、土、肥流失严重的“三跑田”变成了今天能保土、保水、保肥的“三保田”，实现了“水不出田，土不下山”“大灾不减产，小灾保丰收”的目标，在当地农牧业发展和生态建设中发挥着重要作用。

地膜覆盖是指在作物生长期以农用塑料薄膜覆盖地表的一种措施，既能保墒保温，也能防止土肥流失，从而有助于作物产量稳定和提高，是雨养农业区抗旱保墒的主要农业措施之一。地表覆盖地膜后，雨滴打击能大幅度减轻，防止土壤结皮形成，降低对表土和幼苗的物理冲击；土壤水分的地表蒸发会显著减少，天旱保墒、雨后提墒作用明显；土壤能保持适宜的温度、湿度，而且地温下降较缓慢、温度变化持续时

地膜覆盖栽培（右图 段兵红 摄）

秸秆还田技术

间延长，有利于土壤中各种肥料的腐熟和分解，从而提高土壤肥力。实践证明，地膜覆盖栽培的成本较低，而且操作简便，农业增产幅度很大，因此，在甘肃雨养农业区生产实际中得到了广泛应用。在甘肃定西、平凉等年平均降水400毫米左右的地区，地膜覆盖栽培被应用到各类农作物的种植中。考虑当地气候条件和土壤类型的特殊性，按照目标作物的生长发育禀性及当地流行的栽培习惯等，可采取平畦覆盖、高垄覆盖、高畦覆盖等不同的覆膜方式。近年来，在雨养农业区广泛用于玉米等经济作物栽培的“全膜双垄集雨沟播技术”，融合了集水、增加入渗、减抑蒸发、增温等作用，实现了集水、保墒、增温、增产的效果，是旱作雨养农业上的一项创新技术。

以甘肃省静宁县界石铺镇二夫村石湾社为例，主要农作物为洋芋、玉米、冬小麦、胡麻等，生产中均采用了地膜覆盖栽培技术，实现了产量稳定和提高。在生长季节，一眼望去，整个山川似乎全被地膜覆盖，规模浩大，场面惊人。但是，在庄稼收获后，塑料地膜不易降解，长期残留在田地中，造成了严重的白色污染。地膜污染是现代农业可持续发展亟待解决的问题之一。

长期以来，受发展水平和地形等条件的限制，黄土高原雨养农业区的农业生产活动主要依靠人力和畜力来完成，一幕幕“铁犁牛耕”的场景上演了半个多世纪。近年来，农村外出务工人员大幅度增加，农田耕作劳动力严重短缺，农业生产机械化作业代替“铁犁牛耕”成为必然。长期的土壤翻耕和传统作物种植模式对土地的水磨工夫，加上现代机械化改造自然的伟力，导致土地退化，生态破坏，农业生产力的维持和提升难以为继。保护性耕作成为旱区雨养农业的解决方案之一。在实施保护性耕作时，不同程度地减少或取消了犁铧对土壤的翻耕扰动，并进行免耕播种，结合使用秸秆和残茬覆盖地表技术，实现既提高土壤肥力，又改善土壤水分状况、改变耕作层生物特性的目标。前茬秸秆和残茬覆盖能有效降低地表风速，不仅能降低蒸发，还能减少地表土粒运动和扬尘的发生；有利于降水过程中水分入渗，并减少地面的水蚀。少免耕还能有效改善土壤容重、水稳团粒数等物理性状，提高土壤有机质含量、增强固碳能力等。在保护性耕作中，在尽量减少扰动耕作层土壤的前提下，如何处理好前茬作物根茬与秸秆、平整好种床、提高播种质量、做好杂草防除，是该技术高效实施的重点和难点。因此，有学者对保护性耕作中的残茬管理、土壤耕作、少免耕播种等关键技术环节进行了深入系统研究，探讨了秸秆粉碎及根茬处理、表土耕作和深松耕、防止秸秆堵塞播种器等问题，总结出了一些关键技术，有效地指导了生产实践。

秸秆还田是以前茬作物秸秆进行就地覆盖或异地覆盖还田，或者保留高残茬在原地，常结合少免耕播种、播种施肥复式作业、作物轮作等其他农业技术来一体开展。在实践中，按秸秆前处理方法的差异，秸秆还田可主要分为秸秆机械粉碎还田、快速腐熟还田、堆沤还田、生物反应堆等多种方式。其中，秸秆机械粉碎还田方式较为常用，将收获后的农作物秸秆粉碎后抛洒覆盖在地表，或进一步翻埋。如在小麦收获时，可一边刈割脱粒一边粉碎秸秆，然后抛洒到地表再翻埋到土壤，以便于腐烂。

作物轮作是提高农业生产可持续性的重要途径之一，在我国已有2000多年的发展历史。在进行作物倒茬轮作后，农田土壤肥力持续提高，生物多样性维持稳定，病虫草害得到有效控制，作物产量保持稳定或逐渐提高，形成了人类友好的农业生态系统。在甘肃雨养农业区，常采取冬（春）小麦 — 豆 — 玉米 — 谷子轮作模式进行农业生产。

近年来，国家大力推广“粮改饲”试点，将苜蓿、饲用玉米、甜高粱等饲草料作物进行推广种植，积极发展饲草料加工，依靠市场机制加快推动农业种植结构由二元向“粮经饲”三元方向转变，构建粮草兼顾、种养结合、粮草畜耦合的新型农牧业生产模式。因此，在甘肃雨养农业区，粮食和牧草作物轮作（草田轮作）模式也得到了大力发展，如将紫花苜蓿、三叶草等高产、优质、稳产的牧草加入到轮作序列中，将进一步丰富豆 — 禾倒茬轮作的内涵。

3.雨养农区特产

小米（谷子）是甘肃陇东地区著名特产，农产品地理标志产品，有“庆阳小米甲天下”之美誉。小米的米粒特小，均匀一致，圆润饱满，

庆阳小米

色泽因小米品种不同而异。熬成稀饭后，雪花般绽开的米粒均匀悬浮于黏稠的米汤中，明亮的米脂油漂浮于表面。在甘肃省宁县坳刘、新堡两村，考古学家发现了窖藏5000~6000年前已炭化的禾谷，证明早在新石器时代，这里的人们就开始种植利用谷子了。

洋芋，学名马铃薯，又叫土豆。定西地区的气候和土壤条件非常适合于洋芋种植，出产的洋芋淀粉含量高，淀粉做成的粉条劲道，

美味的土豆小吃

油炸薯条味美，极受消费者欢迎。针对这一特色产品，定西市已制定审颁了9项无公害马铃薯甘肃省地方标准，注册了37个马铃薯品牌商标，还促成多种马铃薯产品和多个品牌获得国家级证书、认证或奖励。定西市安定区被命名为“中国马铃薯之乡”，渭源县被命名为“中国马铃薯良种之乡”等。

特产土豆

陇西县适宜出产多种道地优质中药材，如党参、甘草、当归、红黄芪等，是“中国黄芪之乡”，享有“西北药都”“千年药乡”之称。

苹果是静宁地区的特产之一，个体大，外形圆润，果面光洁，色泽鲜艳，尝之酸甜爽脆。静宁苹果现拥有国家地理标志保护产品、绿色产品等多张国家名片，也拥有“中华名果”等13项殊荣，已形成了良好的生产规范，具有极强的出口创汇能力。

秦安地区是甘肃有名的“瓜果之乡”，盛产“中华名果”秦安蜜桃，其皮色鲜艳，味道甜美，营养价值较高，素有“天有王母蟠桃，地

道地中药材（王惠珍 摄）

秦安蜜桃

有秦安蜜桃”的美誉，也是国家地理标志保护产品。

紫花苜蓿在我国有着极其悠久的栽培历史，是我国目前栽培面积最大、经济价值最高的豆科多年生牧草，素有“牧草之王”的美称。在生产实践中，为便于运输及家畜食用，常打成方形、柱形草捆，或加工成草粉和草颗粒。我国现有苜蓿的种植面积约4.2万平方千米，其中甘肃省约0.7万平方千米，种植面积全国第一。在甘肃雨养农业区，陇中苜蓿、陇东苜蓿、清水苜蓿等地方品种被广为利用。

静宁苹果（段兵红 摄）

紫花苜蓿（杨坤 摄）

4.雨水资源利用

水是农业的命脉，缺水是旱区雨养农业可持续发展的瓶颈问题。在长期从事雨养农业实践的过程中，人民群众创造并积累了丰富的集雨用水经验，实现了旱季雨水的高效调控，为传统雨养农业带来了新的活力。其中，提高系统保水蓄水能力是进一步发展旱区雨养农业的基础，也是黄土高原地区加强水土保持和综合治理的重点。

在甘肃陇中、陇东地区，利用自然降水来发展雨养农业已有悠久的历史，人们对雨水的利用经过了几个发展阶段。在初级阶段，人们对土地环境的改造程度很低，仅利用简单的耕作保墒措施来提高土壤集蓄降水的能力，以满足当年或来年作物生长的需求。这就是全凭自然降水来进行农业生产的原始雨养农业。随农业技术的进步和耕作经验的不断积累，人们逐渐开始对土地进行更大、更复杂的处理，通过坡耕地修造梯田、川谷修筑坝地等就地拦蓄雨水进行利用，提高了土壤就地纳水蓄水能力。这就是次一级形式的“径流农业”。旱区雨养农业的高级形式是“集水农业”（“窑窖农业”），是人们充分利用自然降水来发展农业生产达到高级阶段的集中体现。在“集水农业”生产中，人们用现代技术改进了传统上用来解决人畜饮水的水窖，使之具有集水、贮水功能，结合现代设施的利用，则同时也具有了调水、节水等功能。“集水农业”模式下，在农田就近修造的小型窑窖能实现雨水的近地叠加富集，结合应用滴灌、喷灌、渗灌等现代化调用水技术进行农田微量精准补充灌溉，解决农田水分供需失调问题。因此，“集水农业”实现了雨水的多地分散蓄集和多地分散利用，极大地改变了干旱区雨养农业的水分供给状况。

水窖是在中国特定区域出现的、修建于地下用以蓄集雨水的罐状（缸状、瓶状等）容器。以定西市为代表的甘肃省中部干旱地区“苦瘠甲于天下”，缺少的正是生命之水。作家贾平凹曾这样描述该地人们的生活：定西农民除了完成三件大事——给儿女结婚、盖一院房子、为老人送终，还多了一件，就是打水窖。从2001年开始，中国妇女发展基金会实施“母亲水窖”慈善项目，资助修建了千万口水窖，重点帮助西部地区农村老百姓解决生活用水困难、农业用水短缺问题，极大地改变了农村因长期严重缺水而形成的贫困和落后面貌。

土壤蓄保水能力与降低蒸发、发挥“土壤水库”作用密切相关，可通过改善农田耕作措施、优化种植模式等来提高。深翻耕、疏松表土可增加土壤纳蓄水能力；少免耕、秸秆覆盖、地膜覆盖等可进一步减缓土壤水分无效耗散，增加土壤水分蓄存时间和蓄存数量。

农业用水与作物布局、水肥管理紧密联系。根据不同作物生长发育特征和需水节律的互补性，合理安排作物布局和品种搭配，提高水分利用率。依据水肥耦合原理，增施有机肥和化肥，促进作物的水分利用。此外，选育节水抗旱的作物新种类和新品种，结合对应的栽培耕作管理措施，可进一步提高雨水利用效率。

在甘肃陇中、陇东雨养农业区的果品生产中，果园主要采用清耕、清耕结合覆膜，林下种草（果园生草）结合覆膜等方式进行

果园生草与果品生产（段兵红 摄）

土壤管理，其中果园生草模式越来越广泛地被大众所接受，成为果园土壤管理的主要方式之一。果园生草是一种先进的果园土壤管理方式，可增加水分入渗，减小地表蒸发，减少水土流失；提高土壤肥力，增强土壤有益微生物活性；增强系统的光能利用能力，改善果园光环境；增强系统抵抗病虫草害能力，提高果园产品多样性，改善产品品质。

果园生草：是指在果树株行间人工种植草类植物或自然生草而形成林下草地，生草后的林下土地不再进行除刈割以外的耕作活动的果园土壤管理方式。

生态珍宝

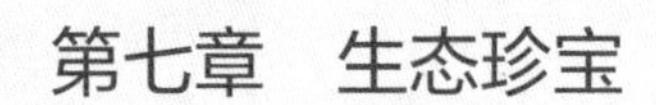

第七章 生态珍宝

雨果说过："大自然是善良的母亲，也是冷酷的屠夫。"随着这个世界的发展，我们对大自然的索取可谓空前绝后，许多本应常见的物种都变成了濒危物种。珍稀濒危物种主要是指那些对人类来说具有重要用途，但十分稀少或极容易受其生态环境的影响而处于受威胁状态的物种。一个物种就是一个基因库，很多珍稀濒危物种具有巨大价值。有些珍稀濒危植物可能是植物遗传育种的珍贵材料，如野生水稻，现代栽培稻相对普通野生稻，丢失了约三分之一的等位基因和一半的基因型，其中包括了大量抗病、抗虫、抗杂草等优异基因，通过野生稻的杂交改造，创造了诸多人间奇迹。再如人参、当归等，具有很重要的药用价值。另外，很多珍稀濒危物种是孑遗物种，是研究物种演化的最佳材料。而且珍稀濒危物种的生态价值更是无法估量，一种物种的消失将带来几十种伴生物种的消失，因此，保护珍稀濒危物种对于保护生态平衡和生态系统多样性具有极其重要的意义。

由于多样的地形地貌，甘肃省具有丰富的物种多样性，然而随着人类对自然界的影响加剧，造成了大量的物种多样性丧失，更有许多物种的生存面临威胁，亟需加以保护。那么，甘肃拥有哪些珍稀濒危物种呢？让我们一起来了解吧。

一、遗落人间，沉寂千年

1.植物活化石——珙桐

素有“植物活化石”之称的珙桐，是1000万年前新生代第三纪留下的孑遗植物。珙桐花形奇特，因其花序基部的苞片酷似一只展翅飞翔的白鸽，而被西方植物学家命名为“中国鸽子树”，又称“鸽子花树”“水梨子”。珙桐已被列为国家一级重点保护野生植物，为中国特有的单种属植物，也是全世界著名的观赏植物。珙桐主要分布在陕西、湖北、湖南、四川、贵州、重庆、云南、甘肃等省市区。在甘肃境内，珙桐和大熊猫是白水江国家级自然保护区的主要保护对象。珙桐喜欢生长在海拔1500~2200米的常绿落叶阔叶混交林中。珙桐叶子为广卵形，边缘有锯齿，叶片有毛，另有一变种为光叶珙桐，其叶下面常无毛。

珙桐（魏泽 摄）

2.抗癌之星——红豆杉

红豆杉是一种裸子植物，属于红豆杉科红豆杉属，是世界上公认的濒临灭绝的珍稀抗癌植物，也是第四纪冰川期遗留下来的古老树种，距今已有250万年的历史。红豆杉喜夏凉冬寒气候，忌炎热酷暑；喜肥沃湿润的森林土壤，干旱贫瘠地不能生长。耐荫，幼树需在庇荫下生长，成龄树

红豆杉（潘建斌 摄）

也忌日照直射。红豆杉幼苗长势慢、抗逆性差、成活率低的特点是野生红豆杉濒危的重要原因，目前我国已将其列为国家一级保护植物。

红豆杉具有很高的药用价值，能起到利尿消肿、温肾通经的作用。最值得一提的是，从红豆杉的树皮和树叶中提炼出来的紫杉醇，对多种晚期癌症疗效突出，因而被医学界称为“治疗癌症的最后一道防线”。

3.植物大熊猫——四合木

四合木是蒺藜科四合木属的植物，是草原化荒漠的强旱生植物，也是1.4亿年前古地中海的孑遗种。多生于石质低山，沙砾质平原等地，目前仅存有100平方千米左右，被列为国家一级保护植物，世人称其为“植物大熊猫”。由于刚砍下的新鲜四合木植株很易燃烧，当地人又称其为“油柴”或“四翅油葫芦”。

四合木成为濒危植物，并非全是人类的错误。四合木主要以种子进行繁殖，但平均每年正常开花植株仅占植株总数的11%，种子的发育和萌发常受到抑制，故其中又只有1%的种子能够成熟繁殖。这些特性决定了它的繁殖和更新速度都非常缓慢，而人为的因素又导致四合木数量不断减少。目前已经对四合木的集中分布区域实行了保护，希望四合木能够早日摆脱珍稀濒危植物的称号。

四合木（张健 摄）

裸果木（杜维波 摄）

4.石质荒漠建群物种 —— 裸果木

裸果木是石竹科裸果木属植物，国家一级保护植物，是亚洲中部荒漠的特有种和单种属，也是古地中海旱生植物区系的孑遗种。喜光、耐旱、耐瘠薄、抗寒、抗风，是构成石质荒漠植被的重要建群树种之一。它的近缘种西裸果木分布在非洲东部，从这一点可以证明亚洲中部荒漠与古地中海旱生植物区系有着发生上的紧密联系，对研究我国西北地区荒漠的发生、发展、气候的变化以及旱生植物区系成分的起源有重要的科学价值。

5.沙漠人参 —— 肉苁蓉

在沙漠深处，有两种奇异的寄生植物，一种叫锁阳，另一种叫肉苁蓉。其中肉苁蓉又叫大芸，是列当科肉苁蓉属的植物，也是一种名贵中药材。《本草纲目》《木经》《本草求真》等许多药典中均

裸果木（潘建斌 摄）

有记载，在历史上还曾被西域各国视为上贡朝廷的珍品。肉苁蓉具有免疫调节、抗癌、抗衰老、降血脂、清除体内氧自由基等功效，因此被冠以“沙漠人参”的美称。但是，由于长期的人为采集，肉苁蓉的野生数量急剧下降，目前已被列为国家二级保护植物。肉苁蓉属中有一种以“兰州”命名的兰州肉苁蓉，其模式标本在1965年采集于兰州市五泉山，该植物因生境受人类活动干扰而面临威胁，承载物种名称的唯一一份标本现存放于兰州大学植物标本馆。

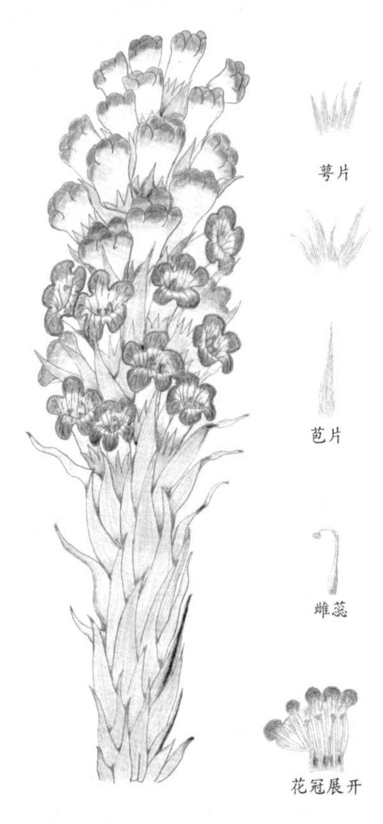

兰州肉苁蓉（杨龙 手绘）

6.荒漠护卫——沙冬青

四季常绿，优雅美观，这便是沙冬青，又名蒙古黄花木，为豆科沙冬青属植物，是古地中海植物区系适应中亚干旱环境的孑遗种，国家二级保护植物。沙冬

肉苁蓉

青主要分布于我国西北荒漠、半荒漠地带，在干旱高温的夏季生长茂盛，在寒冷的冬季仍然挺拔叠翠，是我国沙漠稀有的常绿灌木。沙冬青具有较强的固沙能力，首先是由于其生命力、繁殖力特别强，是强旱生常绿灌木；其次沙冬青会散发出一种特殊的臭味，一般情况下牲畜不采食。沙冬青除具固沙作用外，还具观赏价值和药用价值，沙冬青树形美观，四季常青，是沙区布设庭园和盆景的理想树种；沙冬青含多种生物碱，可药用祛风湿、活血散瘀，也可用做杀虫剂。

沙冬青（李波卡 摄）

沙冬青（李波卡 摄）

7.甘肃特有单种属——苞藜

苞藜与菠菜、甜菜一样，同属于苋科家族藜亚科，由著名的植物分类学家西北师范大学孔宪武先生和朱格麟先生在1978年共同发表命名。苞藜属根据苞藜新种而建立，是藜亚科植物的一个孑遗属，也是甘肃特有的单种属。根据朱格麟先生的最新研究，与苞藜属近缘的3个属的植物都生长在荒漠或盐碱地，仅苞藜属生长在暖温带落叶阔叶和针叶混交林带的阳坡，因此苞藜对于研究全球藜亚科植物的系统演化具有非常重要的价值。苞藜的分布区极为狭小，迄今仅在模式产地甘肃省迭部县旺藏至尼欧一带采到过标本，被列为国家二级保护植物。

苞藜（潘建斌 摄）

苞藜（杨龙 手绘）

8.太白七药之一——桃儿七

桃儿七是多年生草本植物，为小檗科桃儿七属植物，产于云南、四川、西藏、甘肃、青海、陕西等省区，生于林下、林缘湿地、灌丛或草丛中。近年来，由于人类干扰活动加剧，桃儿七生境遭到破坏，加上桃儿七具有重要的药用价值，导致采挖过量，致使其种群数量迅速减少，已被列为国家二级保护植物。

桃儿七的药用价值主要是因为它含有木脂体类成分，如鬼臼毒素、去甲鬼臼毒素等。桃儿七的根茎、果实均可入药，根茎能除风湿、利气血、通筋、止咳，果实能生津益胃、健脾理气。不仅如此，桃儿七还属于“太白七药”之一，具有神奇的抗癌作用，以桃儿七为主药制成的“天福星”Ⅲ号抗癌药，对于乳腺癌的治疗效果尤为明显。

桃儿七（李波卡 摄）

桃儿七（潘建斌 摄）

星叶草

原始花被类植物：在双子叶植物中，不具花被的、具一层花被和具离瓣花冠的植物称为原始花被类植物。

9.原始花被类植物 —— 星叶草

星叶草主要分布于我国西北部至西南部，是一种古老独特的原始花被类植物。星叶草喜阴湿，生长在散射光和潮湿的生境中，这种特殊生境一旦被破坏，便极难生长，如同失去了水的鱼儿，因而凡阳光直接照射处，均不见其分布。由于星叶草会分泌一种特殊气体，影响其周围植物的生长，故在林下或局部潮湿的小环境中往往形成单势优种群落。近年来，适宜星叶草生长的生态环境逐渐被破坏，使其分布范围日趋缩小，成为了珍稀物种，目前被列为国家二级保护植物。

星叶草整体上如一把平顶小雨伞，放射状的小叶长短不一,边缘有齿。伞杆半透明，棕红色，叶脉与裸子植物银杏相似，为开放式的二叉状分枝脉序，这是星叶草区别于毛茛科其他属植物的一大特点，正因如此，植物学家已经把星叶草从毛茛科中分出，另立为星叶草科。因此，保护好星叶草，对进一步研究被子植物系统演化问题具有一定的科学价值。

10.红色恋人——红花绿绒蒿

绿绒蒿是罂粟科绿绒蒿属植物的统称，是青藏高原东南部山区众多高山植物中的明星物种，被西方植物专家称为“喜马拉雅蓝罂粟”。它花型硕大、色彩艳丽、姿态优美，是著名的观赏花卉。中国是世界绿绒蒿的分布中心，被誉为“绿绒蒿的故乡”。绿绒蒿属植物全世界有79种，约80%的种类在中国境内，主要分布于四川西部、云南西北部、西藏东南部以及青海和甘肃南部。因此绿绒蒿也被称为“离天最近的花朵”。从海拔3000米的高山灌丛草甸到5500米的高山流石滩地带，都可以看到它们艳丽的身影，绿绒蒿身居高山幽谷，它那铺满四周的绿叶中间生长着一至数朵花，这些花呈红色、黄色、蓝色或紫色，花瓣轻薄如绢、质感独特、色彩艳丽、纯粹绚烂、华丽绝伦。

“我发现了它，我的红色情侣，它生长在灌木丛中，仿佛要我验证它的身份。”这是近百年前英国植物猎人欧内斯特·亨利·威尔逊所著的《中国——园林之母》中的一段文字，描述的是我国特有的花色艳丽、形态别致的绿绒蒿属植物——红花绿绒蒿。

红花绿绒蒿花瓣微微下垂，呈现出令人炫目的红色丝绸般的光泽，在高原地区非常醒目，令人陶醉。然而，自从红花绿绒蒿被发现以来，由于自然生态的退化和人为的乱采乱挖，使得红花绿绒蒿的生存环境变得越来越恶劣，目前我国已将其列为国家二级保护植物。2004年，国家邮政局专门发行了一套名为《绿绒蒿》的特种邮票，分别为：长叶绿绒蒿、总状绿绒蒿、红花绿绒蒿、全缘叶绿绒蒿。

红花绿绒蒿（潘建斌 摄）

金雕（张立勋 摄）

二、珍禽异鸟，百家争鸣

1.蓝天霸主 —— 金雕

金雕 —— 这里说的蓝天霸主不是苏-47战斗机，而是一种知名度极高的猛禽。成鸟的平均翼展超过2米，全身羽毛以褐色为主，头后侧、枕部到后颈有特殊的披针形金黄色羽毛。肉食性，食物种类庞杂，凡在其视线和可控范围内的活动猎物均可收纳爪间，堪称猛禽中的“顶级战斗机”。

通常单独或成对活动，冬天有时会结成小群，偶见大群聚集一起围捕猎物。善于翱翔和滑翔，常在高空中一边呈直线或圆圈状盘旋，一边俯视地面寻找猎物，两翅上举“V”状，用柔软而灵活的两翼和尾的变化来调节飞行的方向、高度、速度和飞行姿势。筑巢在悬崖峭壁并会连续很多年使用，每年都进行翻修和加固，以至于很远就可看见崖壁上庞大的巢穴。金雕是国家一级重点保护动物，栖息于高山草原、荒漠、河谷和森林地带，冬季亦常到山地丘陵和山脚平原地带活动，最高海拔高度可到4000米以上。

大鸨（张立勋 摄）

2.风情万种 —— 大鸨

大鸨（bǎo）为典型的草原地栖鸟类，一种非常优雅的鸟类。每年春季繁殖时节，大鸨三三两两地聚在一起昂首挺胸，踱步回转，舞姿曼妙，并用胸部互相碰撞。在发情期的雄鸨经常会翻卷羽毛，宛如孔雀开屏，炫耀自己的优美与高雅，而被吸引的雌鸨会围绕雄鸨转圈，并且不停地牵扯雄鸨的羽毛示爱，这样独特而美丽的场景在草原绝对是一道亮丽的风景线。

3.高原神鸟 —— 黑颈鹤

黑颈鹤栖息于海拔2000~5000米的高原，是世界上唯一越冬和繁殖都在高原上的鹤类，是名副其实的高原鹤。黑颈鹤体长110~120厘米，体重4~6千克。体态婀娜多姿，颈部十分修长，黑色的颈羽像是在长长的颈部围了一条黑丝绒的围脖，红色的头顶在黑色头部的映衬下显得更加色彩鲜明，仿佛一顶小红帽；

而白色的体羽与黑色的翅膀、尾羽，整体显得黑白分明，端庄素雅；再配上一张尖尖的黄色长嘴和一双漆黑如墨的长脚，显得格外清秀俊美，仿佛不食人间烟火的仙鹤。

中国古代关于鹤类的史料记载非常丰富，却没有关于黑颈鹤的记录。直到1876年，俄国探险家尼古拉·普热瓦尔斯基在中国青海湖见到并第一次科学描述了黑颈鹤，并给予科学的命名。所以黑颈鹤也是15种鹤类发现最晚的一种。黑颈鹤在西藏、青海等地区被人们称作“仙鹤”“神鸟”“吉祥鸟”。

黑颈鹤在全世界分布范围较窄，根据最新的记录，中国的黑颈鹤占全世界黑颈鹤数量的96%，目前中国约有12000只（2019年），在国外，不丹与印度有少量分布。中国为保护黑颈鹤的种群数量，已把它列为国家一级重点保护动物，并在越冬地、迁徙地和繁殖地均建立了自然保护区，在甘肃省主要是阿克塞的大苏干湖、小苏干湖、玉门的甘海子和碌曲的尕海。

黑颈鹤（张立勋 摄）

4.深山涉禽——黑鹳

黑鹳是一种体态优美、体色鲜明、活动敏捷、性情机警的大型涉禽。身上的羽毛除胸腹部为纯白色外，其余都是黑色，它的颈部具有绿色光泽，背、肩和翅具有紫色和青铜色的光泽，而胸部具有紫色和绿色的光泽。

黑鹳拥有一项保暖的特异功能，每当天气转冷时，它会把自己前颈下的羽毛延长，使羽毛形成蓬松的颈领，仿佛给自己做了一个围脖。

黑鹳曾经是一种分布较广、适应能力极强的大型涉禽，森林、湿地、草原甚至荒山地带均有它的分布。黑鹳大多是迁徙鸟类，世界上很多国家都有分布，如意大利、阿富汗、日本、美国等。近年来，全球范围内黑鹳的种群数量明显减少，其主要原因是森林砍伐、沼泽湿地被开垦、环境污染和恶化，致使黑鹳的主要食物，如鱼类和其他小型动物来源减少；其次人类干扰和非法狩猎也破坏其种群数量。

黑鹳（丛培昊 摄）

正在捕食的黑鹳（丛培昊 摄）

大天鹅（张立勋 摄）

5.优雅舞者——大天鹅

大天鹅可谓是家喻户晓的物种，其洁白的羽衣、优美的体态、动人的鸣叫都给人们留下了深刻印象。大天鹅是典型的候鸟，迁徙时多沿湖泊、河流等水域地区，沿途不断休息觅食，也是世界上飞行最高的鸟类之一，迁徙过程中可飞越世界最高峰——珠穆朗玛峰，飞行高度可达9000米以上。

大天鹅这种优雅的动物被人们熟知可能是从孩提时代，安徒生早就科普了这种动物——他用励志而动人的《丑小鸭》为孩子们讲解了大天鹅不同时期的形态变化。在西方文化当中，以大天鹅为对象的艺术作品数不胜数，当然，最为出名的要数俄罗斯柴科夫斯基的芭蕾舞剧《天鹅湖》了，其优美的旋律、动人的爱情故事以及震撼的演技使这部舞剧成为永恒的经典。

在中国的古典文化中，大天鹅有许多意象。在古代，人们称大天鹅为鹄、黄鹄等。比如贾谊《楚辞·惜誓》中的“黄鹄一举兮，知山川之纡曲。再举兮，睹天地之圆方”，就是讴歌天鹅的佳作。又如，《史记·陈涉世家》中“燕雀安知鸿鹄之志哉”，想必人们并不陌生。“鸿鹄”被用以比喻那些志向远大的人，而其本意是飞的又高又远的鸟，很少有人知道，“鸿”是大雁，而“鹄”是天鹅。

6.胸有玄机——红腹角雉

红腹角稚属于鸡形目稚科鸟类，关于“角雉”名称的由来，是因为这种鸟类的头顶有着黑色的羽冠，在羽冠两侧有一对美丽无比的钴蓝色肉质角。红腹角雉全身色彩斑斓，其项下的肉裙上呈现出奇特的图案：两边各有八个大小不一的鲜红色斑块，中间有许多天蓝色的斑点，肉裙上的斑纹整个看上去有些像“寿”字，因此被称为“寿鸡”，视为长寿和好运的象征。此外，红腹角雉因为其叫声类似于婴儿的啼哭，所以又有“娃娃鸡”的别称。

红腹角雉

血雉（张立勋 摄）

7.柳叶蓑衣——血雉

血雉是森林中常见的鸡形目鸟类之一，喜欢结群觅食和嬉戏，雌雄性二态特征明显。雄性具绯红色尾羽，翅掺杂绿色和褐色，绿色部分形状似柳叶。雌性通体暗褐色，体型略小。血雉具有明显的季节性垂直迁移行为，夏季喜欢迁至高海拔云杉密林等环境较阴暗潮湿的地方活动，秋季则迁移至低海拔的疏林带生活。

性二态：同种两性个体通过性选择在大小、形态和色型上所产生的差异。

8.与马何干——蓝马鸡

蓝马鸡（红外相机拍摄，张立勋提供）

蓝马鸡也是森林中较为常见的鸡形目鸟类之一，喜欢结群觅食和嬉戏，因其中央两根尾羽下垂形似马尾，通体青灰的形态而得名。栖息于低海拔亚高山针叶林和高山灌丛地带。夏季具有两个明显的活动高峰，分别是清晨和黄昏。冬季活动高峰较夏季有推迟，且一天只出现一次活动高峰，大约在中午12点以后。以植食性食物为食。

9.怒发冲冠——勺鸡

勺鸡是分布较广的鸡形目雉科鸟类，单属单种。具明显的飘逸型耳羽束和羽冠。雄鸟头顶及冠羽近灰，宽阔的眼线、枕及耳羽束金属绿色，颈侧白，上背皮黄色，胸栗色，其他部位的体羽为长的白色羽毛上具黑色矛状纹。雌鸟体型较小，具冠羽但无长的耳羽束。夜晚栖息在阔叶树上过夜，清晨与傍晚皆有鸣叫的习惯，尤以清晨鸣叫更为频繁，持续时间长达半个小时。以植物根、果实及种子为主食。

勺鸡（周天林 摄）

10.高原清道夫 —— 高山兀鹫

生离死别每天都在上演，不管是多么强大的捕食者或者多么聪慧的被捕食者都逃避不了自然的宿命。意外身故的藏原羚、被捕食的野驴幼崽、受伤的老狼、染病的旱獭……它们会在喧闹中迅速消失，这源于高原上诸多称职的清道夫，如高山兀鹫，以秃毛的脖子闻名。高山兀鹫负责清理动物尸体内脏和肌肉，通常几十只或近百只群起而攻之，聚集在尸体周围，默哀、思悼，它们拍打着翅膀高声宣告旧事已去，然后低头享用这顿大餐，瞬间将一具动物尸体清除干净。与其同域分布的还有秃鹫和胡兀鹫，强大的消化能力和免疫系统让它们免于被很多有毒物质、细菌伤害，从而保质保量地完成清理任务。

高山兀鹫（张立勋 摄）

秃鹫（张立勋 摄）

三、百兽率舞，律动陇原

1.雪山之王——雪豹

雪豹是生活海拔最高的食肉动物，处于高原生态系统和食物链的顶端，有着“雪山之王”的美誉。体长100~130厘米（不含尾巴），肩高约60厘米，体重23~41千克。雪豹有着两层被毛，一层是浓密的短毛，起到隔热保温的作用，外层的毛发长达5厘米，腹部的毛甚至可长达10厘米。雪豹生性机警，昼伏夜出，身手矫捷，和很多猫科动物一样都是独行侠。

雪豹生活在亚洲中部的高寒地带，享有“世界上最漂亮的猫科动物”、“高原生态系统的指示型物种”等众多美誉。生活在高原永久冰川、高山裸岩及寒漠带的环境，行踪十分隐秘，多在晨昏活动，独来独往，有自己坚持的巡逻路线。在山崖间腾挪跳跃，身姿优美，步履轻盈，毛色和岩石融为一体很难发现。

雪豹的攻击力有目共睹，捕捉大型的岩羊、盘羊完全不在话下；伏击北山羊、偷袭掉队的牛犊、捕食旱獭雪鸡等，对它来

雪豹（红外相机拍摄，张立勋提供）

说都是小菜一碟。当然，它也捕食小型动物和鸟类。足掌宽厚有力，可以在崎岖的山路上稳定穿行，尾巴又长又粗，可以帮助其在雪地或岩石上攀爬时保持平衡，在睡眠的时候，尾巴像厚厚的毯子一样围在雪豹的面部保暖。它的牙齿尖锐发达，可以轻易咬穿猎物的脖子。舌骨基本骨化，不能像其他大猫一样发出低沉、强烈的吼叫，让人听了不觉得那么可怕，而感觉很可爱又略带委屈，发出咕噜声、呻吟声、喵喵声等叫声。食物缺乏的时候，也会潜入牧民家祸害家畜，发生“杀过”行为。随着气候变暖、人类活动频繁，雪豹的栖息地面积越来越小，食物也越来越匮乏。偷猎、传染病、甚至野狗和流浪狗也开始威胁雪豹的生存，这种令人着迷的动物生存已岌岌可危。

杀过：就是指某些食肉动物一次性杀死的猎物远远超出自己食量的行为。

2.高原之舟——野牦牛

野牦牛是青藏高原的特有种，是典型的高寒动物，同时也是国家一级保护动物。四肢强壮有力，胸腹部的长毛几乎垂地，仿佛身披战袍，高大威猛，雄性个体的犄角强大而粗壮。

野牦牛是青藏高原最危险的动物，特别是独居的公牛，确实有不撞南墙不回头的“牛脾气”，有时竟然敢攻击吉普车和大卡车，一旦遇见这种情况，一定要远距离观察，不敢靠近。人类驯化野牦牛历史较短，作为家牦牛的祖先，已经驯化的家牦牛是藏族人民的主要运输工具和经济来源，享有“高原之舟”的美誉。普通人的生活或许离不开房子、车子和存款，但在牧区，牦牛就意味着一切，拥有一群健康的牦牛，胜过拥有金山银山。

野牦牛（张立勋 摄）

3.游子还乡 —— 普氏野马

普氏野马是一种大型奇蹄目哺乳动物，额部无长毛，颈鬃短硬而直立，四肢短粗，腿内侧毛色发灰，小腿下部呈黑色，俗称“踏青”腿。

1878年，普热瓦尔斯基率领探险队最先捕获、采集野马标本，并于1881年由波利亚科夫正式定名为“普氏野马”。随后，俄、法、英等国的研究机构和博物馆不断地进行捕猎以供研究。在一个世纪的时间内，因人类的捕杀、栖息地的破坏、自然环境恶化等原因，普氏野马逐渐消亡。

普氏野马生活于极其艰苦的西北荒漠戈壁，极善奔驰，警惕性很高。通常群体活动，会在晨昏时分沿固定的路线到泉、溪边饮水；群体中的个体之间会互相清理皮肤，配合十分默契。我国在1986年开展“野马还乡”计划，逐步引入、繁育、野化放归。

普氏野马（张立勋 摄）

4.荒原勇夫 —— 蒙古野驴

蒙古野驴对于生存环境的要求并不高，一点草一点水就可以活下去，哪怕是严酷的冬季，一口冰雪一口草就能活得悠然自乐。荒漠找水是蒙古野驴的独门绝技，遇到旱季缺水时，有经验的老驴会选择河道、洼地用蹄子刨出大坑，等地下水慢慢渗出来

蒙古野驴

就可以饮用。它是国家一级重点保护动物，在中俄边界的广阔荒漠中自由游弋，甘肃省仅瓜州和肃北的北部山区有分布。

5.沙海特种兵 —— 野骆驼

骆驼号称“沙漠之舟”，而野骆驼堪称“冲锋舟”。体型较家骆驼略小，驼峰小，被毛薄，但适应沙漠戈壁的本领更加高强。全身淡棕黄色的体毛细密柔软，鼻孔中的瓣膜能随意开闭，既可以保证呼吸的通畅，又可以防止风沙灌进鼻内。耳壳内有浓密

的细毛，双眼睑和长长的睫毛，可以阻挡风沙，保持清晰的视力。适应荒漠生活的本领数不胜数，如食用有毒植物，体温能在34℃～41℃之间调节，血糖浓度比其他反刍动物高两倍，等等。超强的嗅觉可以在沙漠之中寻找水源和水草丰茂的绿洲，遇到威胁便快速奔跑躲进浩瀚的沙海之中，亦会采取喷吐唾液和胃容物反击。

野骆驼

野骆驼野生种群不到一千只，仅存于新疆、甘肃及中蒙边界地带的荒漠戈壁区，形成极狭小的隔离“孤岛”，是比大熊猫还珍稀的国家一级重点保护动物。

6.国之珍宝——大熊猫

提起大熊猫，想必每个人都不会陌生，作为我国国宝，大熊猫是世界上最可爱的动物之一，也是最受人们喜爱的动物之一。它有圆圆的脑袋，大大的黑眼圈，浑圆的身体，以及慢吞吞的行走方式，深受人们的喜爱。大熊猫是中国特有种，属于国家一级保护动

物，主要栖息于中国的四川、陕西和甘肃等地的山区。

大熊猫已在地球上生存了至少800万年之久，被人们称之为“活化石”。人们熟知大熊猫爱吃竹子，但少有人知道大熊猫的祖先——始熊猫，最初是以食肉为主的。只不过经过上万年的进化，那一个时代的很多动物已经灭绝，大熊猫却生存了下来，那是因为大熊猫成为了主要以竹子为食的特化物种。实际上，大熊猫的食谱并非只有竹子，遇到机会，它们同样会“开荤”，恢复一下食肉的本性。例如，在其栖息地有一种危害竹子的鼠类——竹鼠，大熊猫根据气味找到竹鼠的洞穴后，一般会守在洞口，一边向洞里吹气一边使劲拍打，当竹鼠仓皇逃出洞中时就会被大熊猫逮住机会，一把按住。

大熊猫（红外相机拍摄，滕继荣提供）

金丝猴（白永兴 摄）

7.悟空真身 —— 金丝猴

与人类同为灵长目的金丝猴，属典型的森林树栖动物。金丝猴有5个亚种：川金丝猴、黔金丝猴、滇金丝猴、越南金丝猴和缅甸金丝猴，分布于甘肃省的川金丝猴，是国家一级保护动物。川金丝猴所在的仰鼻猴属因鼻骨退化、鼻孔向上而得名，仰鼻猴属又被称为金丝猴属，除了最早发现的川金丝猴在成年之后拥有一身金色的毛发，本属其他种与“金丝”两字似乎并不匹配。

金丝猴是典型的群居动物，每个猴群最少3~5只，通常20~40只，大群可达上百只。金丝猴具有典型的家庭生活方式，成员之间相互关照，休息时群猴互相整毛、瘙痒、捉虱，或做各种小动作打闹嬉戏，呈现出其乐融融的温暖画面。在金丝猴的家庭当中，小金丝猴顽皮活泼、好奇心重，特别受到父母的宠爱，但是小公猴成年的时候，就会被父亲不容商量地“扫地出门”，被迫自力更生。

8.祸自香起 —— 马麝

在茂密的针叶林中有这样一种不易见到的有蹄类动物，它生性多疑，迅速敏捷，活动路线固定，最有意思的是连排便都在固定地点，它就是国家一级重点保护动物，同时也是世界濒危动物 —— 马麝。雄性和雌性均无角，雄性马麝上颌具有月牙状獠牙，向下伸出于唇外，且雄麝个体腹部特殊的腺囊分泌麝香。麝香气味持久，芳香开窍，从古至今都备受人们喜爱。麝香的使用历史可以追溯到汉代，起初，麝香主要用于梳妆和熏香衣物，到了唐宋年间，麝香成为了化妆品和定香剂。麝香还是

马麝（张立勋 摄）

非常珍贵的药材，广泛地应用于医药方面。然而正是马麝独有的麝香，给其招来杀身之祸，为了谋取暴利人们大肆捕杀，导致野生种群数量急剧下降，造成现有种群的地理隔离而形成斑块化分布格局。

9.牛气冲天 —— 羚牛

羚牛是典型的高山有蹄类动物，栖息于海拔2500米以上的山地生态系统。羚牛属牛科羊亚科，单属单种，之所以叫羚牛，是因为羚牛长相确实跟牛相似，它们脑袋硕大，头上有一对粗大的角，从头顶先弯向两侧，然后向后上方扭转，角尖向内，因此又称之“扭角羚”。跟很多四肢修长的羊亚科物种不同，羚牛的四肢和脖子短而粗壮，身材魁梧，是羊亚科当中体型最大的物种，体重可达300千克。巨大体型配上羚牛小小的

眼睛，不由自主地给人一种反差"萌"的感觉。

羚牛是国家一级保护动物，和大熊猫、金丝猴被称为高山林区的三大珍兽。羚牛群集性强，一个羚牛群通常由雌牛、幼仔和雄牛组成。羚牛在发情期为了争夺配偶会采取暴力手段，公牛之间展开激烈的决斗，败者常独栖，称之为"孤牛"，其性情凶猛，常伤害家畜或人。

羚牛（红外相机拍摄，滕继荣提供）

10.雪域鹿神——白唇鹿

白唇鹿是中国特有动物，属高山有蹄类，也是一种古老的物种，早在更新世晚期的地层中，就已经发现了它的化石。白唇鹿主要的特征是下唇纯白色，延续到喉上部和吻的两侧，因此而得名。雄性具扁平鹿角，也称"扁角鹿"。典型的高寒动物，栖息于海拔3000~5000米的高山针叶林和高山草甸，喜欢在林间空地和林缘活动，嗅觉和听觉都非常灵敏。

白唇鹿（张立勋 摄）

白唇鹿的四肢强健，蹄子宽大，适于爬山，有时甚至可以攀登裸岩峭壁，通常为群聚生活，少则三五只，多则十几只或数十只，甚至100~200只的大群。

11.指鹿为马——马鹿

《史记·秦始皇本纪》记载“赵高欲为乱，恐群臣不听，乃先设验，持鹿献于二世，曰：‘马也。’二世笑曰：‘丞相误邪？谓鹿为马。’问左右，左右或默，或言马以阿顺赵高。”指鹿为马意为违背事实、不分是非，然而自然界有一种鹿科动物，体形似马，雄性具6叉鹿角，且幼仔身体遍布白色斑点，似梅花鹿，长得如此抽象，确有颠倒是非之嫌疑。

马鹿因其庞大的体型优势，在很大程度上降低了被捕食风险。除成群合作捕食的狼群和大型猫科动物外，成年马鹿在森林中几乎没有天敌，这一优势也使其种群数量较为乐观。红外相机监测发现，夏季多在夜间和清晨活动，冬季则倾向于白天活动。擅长奔跑，与其他有蹄类动物（如岩羊、马麝、狍等）同域分布，以各种嫩枝、树皮、果实和各种草类等为食物，在取食或休息时很少出现警戒行为。通常以“一个生态系统中最大的食草动物”这样独特的身份存在，没有它存在的森林就不算健康。

马鹿（红外相机拍摄，张立勋提供）

棕熊

12.陆地巨霸——棕熊

棕熊是陆地上体型最大的哺乳动物之一，体长1.5~2.8米，体重135~545千克。适应能力极强，从荒漠到高山，从苔原到草甸，甚至在冰原都有它们的足迹。

棕熊是杂食性动物，食物随季节变化而发生变化，一般以植食性食物为主。善于游泳，可以在湍急的河水中捕鱼，也可以直立行走与爬树，虽然行动起来可能比较笨重，但是很难想象这种体型庞大的动物奔跑起来时速可达56千米/时。成体通常独居，领域性很强，养育幼仔一般由母熊全权负责，而雄性个体不但不负责，有时甚至攻击幼仔，因此一个单身的母熊是十分危险的，当然，这也合乎情理，出于对孩子的保护，熊妈妈不得不勇敢无畏。

13.善变喵族——金猫

谈到猫科动物，人们首先可能会想到狮、虎、豹这些凶猛的大猫。事实上，猫科动物的家族庞大，共3个亚科14个属。一些中小体型的猫科动物虽然一直默默无闻，却在这个家族中占很大比例，而且神秘程度丝毫不亚于大猫，金猫就是神秘的中小型猫科动物的一员，以鸟类、麝、小麂、鹿及啮齿类动物为食。由于历史原因，许多大型食肉动物在森林生态系统中缺失，于是这些中等大小的猫科动物承担起森林里顶级消费者的任务，控制着其他动物种群的数量。

金猫是猫科里的变色龙，体色复杂多变，可简单分为体表没有斑纹的普通色型与体表密布斑纹的花斑色型，还有一些少见的黑色型。目前国内对于金猫的研究比较少，对本种的生态习性了解十分有限。可悲的是，由于森林栖息地的破坏与人类的捕猎，这种动物的生存正遭受严重威胁。金猫被记录分布于东南亚的12个国家，在我国曾广泛分布于华南、西南地区。而现存的金猫分布区急剧收缩，并呈现高度破碎化状态，看来，人们要对这种动物投入更多的关注。

14.高原闪电——猞猁

猞猁四肢强健，一对宽阔的耳朵上着生两簇耳毛，听觉和视觉灵敏，尾极短。栖息于高海拔山地生态系统，喜欢独居，无固定巢穴，过着高原流浪生活。猞猁是高原极其出色的捕猎高手，善于奔跑，速度如闪电，擅长攀爬和游泳。生性狡猾，遇到危险时可倒地假死。主食各种野兔和啮齿动物，在狩猎区可以明显的控制野兔数量。

金猫（红外相机拍摄，滕继荣提供）

猞猁（红外相机拍摄，张立勋提供）

15.凶悍毛球——兔狲

兔狲与兔子和猢狲有什么关系呢？实际上半毛钱关系都没有，其特征像猫，属猫科猫亚科兔狲属，与豹猫亲缘关系比较近。兔狲外形独特，在整个猫科家族里算是独树一帜的存在。栖息于人迹罕见的高寒地带，所以为了抵御寒冷，浑身长有浓密且蓬松长毛，小短腿，加上其矮胖的身材，当兔狲行走时，四肢被长长的毛发掩盖，犹如一颗移动的毛球，甚是憨态可掬。

憨厚的外表却难掩其性格的凶悍，多采用埋伏猎捕策略，依赖其腿短而重心低以及体毛的保护色的优势，再加上敏锐的视觉与出其不意的爆发力，保证了兔狲高效的捕食成功率。主要捕食啮齿类动物，也捕食毒蛇。因其皮毛是珍贵的皮料，常用作皮毛大衣、皮毛和皮领等，大量捕猎使其种群受到严重威胁。

兔狲（红外相机拍摄，张立勋提供）

鹅喉羚（张立勋 摄）

16.荒野孤魂 —— 鹅喉羚

鹅喉羚体毛沙黄或棕黄，棕灰的抹额配上细长的眼线和褐色的腮红，衬得一张小脸干净修长，甲状腺肿大形似鹅喉，由此而得名。属典型荒漠、半荒漠区动物，白天活动，常结成几只至几十只的小群在荒漠深处游荡。茫茫荒漠几乎是贫瘠、荒凉和死亡的代名词，因此它对食物没有太高要求，依靠生长在荒漠上的红柳、梭梭草、骆驼刺和极少量的水存活下来并繁衍着后代。鹅喉羚作为荒漠区唯一的羚羊类，从21世纪初开始，因非法猎杀、围栏画地、栖息地丧失等原因，十年时间鹅喉羚的数量几乎消亡过半，这种荒漠精灵还在濒危线上徘徊。

17.两栖瑞兽 —— 水獭

水獭作为淡水生态系统的顶级消费者，是哺乳动物中水陆两栖型代表，既能在陆地上繁衍后代，又能在水中觅食和活动，对环境具有较高敏感性，是陆地淡水生态系统的指示物种。

水獭身体纤细均匀，体毛短而细密，尾粗壮有力，触须发达，趾间有蹼，充分证明了其适应水生生活的特征。每天大部分时间是在陆地生活，行走时背部向上拱起，前腿和后腿相互交错，高频率移动，性胆怯而机警，多疑狡猾，喜欢在月夜外出觅食。取食过程多发生在水体之中，主要以鱼类、两栖类、水生昆虫和其他水生生物为食。水獭面临的主要威胁有过渡捕鱼和水利设施建设密切相关，近年来陆续在白水江、尕海湖和祁连山有零星发现记录，需引起有关部门足够重视，保障淡水生态系统的结构与功能的完整性。

水獭

结束语

鉴于创作本书的初心和主题，这样一本略显单薄的书籍着实不足以囊括包罗万象的甘肃秘境，如有不足之处，还望广大读者提出来，我们学习改进。回顾本书的创作历程，它是多位专家学者在百忙之中，挤出点滴时间，锱铢积累编写完成的。书中很多精彩的图片是从上万张野外考察资料中精心挑选出来的。诚然，我们深深地热爱这片土地，因此试图将这辽阔壮丽的山山水水和灵动美好的一草一木呈现给您。

本书由面及点地介绍了多样、独特的甘肃省生态系统、地质景观和动植物资源。受气候、水资源和地形的影响，甘肃省植被具有明显地带性，常绿阔叶森林、落叶阔叶森林和寒温性针叶林由东南向西北次第展开，其间镶嵌着暖性草原、温性草原、高寒草原、其他草原及多种灌木林地，也被冰川、河流、湖泊等水源分割开来。依赖陇原大地特殊环境生存的物种丰富，甚至有一些是甘肃特有的，例如，苞藜。横穿至河西走廊的另一侧，就是无边无际的沙漠戈壁。给广大旅行者展现了“大漠孤烟直，长河落日圆”的壮美景色。

甘肃省多种多样的生态基础，是我国西部生态文明建设的有力保障，养育了2600多万陇原儿女。他们淳朴勤劳、奋发有为，努力克服严酷的自然环境，在这片广袤的土地上创造了流传至今的多民族文化、宗教文化、泥塑文化、皮影文化、美食制作工艺等深深地吸引着初到此地的游人。

甘肃，这颗璀璨的瑰宝，等着您亲临此地慢慢品味。

主要参考资料

[1]陈隆亨, 曲耀光. 河西地区水土资源及其合理开发利用[M]. 北京: 科学出版社, 1992.

[2]冯绳武. 甘肃地理概论[M]. 兰州:甘肃教育出版社, 1989.

[3]甘肃省地图集编纂办公室. 中华人民共和国甘肃省地图集[M]. 上海: 上海中华印刷厂, 1977.

[4]王乃昂等. 甘肃省志· 自然地理志[M]. 兰州: 甘肃文化出版社, 2018.

[5]伍光和, 江存远. 甘肃省综合自然区划[M]. 兰州: 甘肃科学技术出版社, 1998.

[6]石卫东. 甘肃林业史话[M]. 兰州: 甘肃文化出版社, 2014.

[7]王乃昂. 山川锦绣:地理卷[M]. 兰州: 敦煌文艺出版社, 2010.

[8]董恒年. 美丽甘肃[M]. 北京: 蓝天出版社, 2014.

[9]陶明. 解读甘肃[M]. 北京: 人民出版社, 2011.

[10]中国森林编辑委员会. 中国森林[M]. 北京: 中国林业出版社, 1997.

[11]国家林业局中国森林生态系统服务功能评估项目组.中国森林资源及其生态功能四十年监测与评估[M]. 北京: 中国林业出版社, 2018.

[12]韩胜利. 内蒙古大青沟国家级自然保护区植物多样性及其保护研究[D]. 内蒙古师范大学, 2012.

[13]任海峰. 小陇山国家级自然保护区土壤微生物群落特征研究[D]. 西北师范大学, 2012.

[14]史纪安. 利用祁连圆柏年轮资料重建江河源区东北部600余年气候研究[J]. 西北农林科技大学学报(自然科学版), 2006, 34(5): 107–113.

[15]王多尧. 祁连山（北坡）青海云杉群落物种多样性研究[D]. 甘肃农业大学, 2006.

[16]全力遏制荒漠化构建生态安全屏障[J]. 甘肃林业, 2016, (4): 1.

[17]甘肃省林业厅三北防护林建设局. 构筑陇原绿色长城推进生态文明建设——甘肃省三北防护林体系建设40年综述[J]. 甘肃林业, 2018, 169, (4): 10–14.

[18]高斌斌. 甘肃省2009—2014年沙化土地动态变化分析[J]. 中国水土保持, 2018.

[19]黄兵兵. 巴丹吉林沙漠地下水时空动态研究[D]. 兰州大学, 2018.

[20]李淑霞. 民勤县荒漠化防治对策研究[J]. 乡村科技, 2018, 173, (5): 93–95.

[21]马建平. 中国柽柳育苗及应用技术研究[D]. 西北农林科技大学, 2008.

[22]苗鸿. 甘肃省生态功能区划研究[D]. 中国科学院生态环境研究中心, 2002.

[23]王彬. 2009-2014年白银区土地荒漠化现状及动态分析[J]. 甘肃科技, 2019, (16).

[24]吴吉龙. 策勒河流域荒漠类型及特征研究[J]. 监测实验系统: 野外台站, 2013, 36(5): 803-811.

[25]杨发相, 桂东伟, 岳健, 等. 干旱区荒漠分类系统探讨 —— 以新疆为例[J]. 干旱区资源与环境, 2015, (11): 148-154.

[26]张荷生, 崔振卿. 甘肃省张掖丹霞与彩色丘陵地貌的形成与景观特征[J]. 中国沙漠, 2007, (6): 36-39.

[27]陈淑君. 广东阳春鹅凰嶂自然保护区主要珍稀濒危植物保育策略的研究[D]. 华南农业大学, 2005.

[28]陈永昌. “植物大熊猫” —— 四合木[J]. 内蒙古林业. 2003, (1): 41.

[29]苟巧萍. 宁夏珍稀濒危树种种质资源现状及利用[J]. 山西林业科技, 2011, (4): 53-55.

[30]刘华杰. 独叶草和星叶草[J]. 科技潮, 2010, (09): 44-45.

[31]娜仁. 沙冬青的固沙作用及药用价值. 肉苁蓉暨沙生药用植物学术研讨会, 2002.

[32]祁军. 甘肃兴隆山自然保护区药用植物桃儿七

资源调查[J]. 林业科技通讯, 2017, 540(12): 39–41.

[33]王华, 贾桂霞, 丁琼. 沙冬青抗逆性研究进展与应用前景[J]. 中国农学通报, 2005, 21(12): 121.

[34]肖猛. 濒危植物桃儿七(Sinopodophyllum hexandrum (Royle) Ying)的遗传多样性研究[D]. 四川大学, 2006.

[35]赵智渊. 秦巴山区珍稀濒危植物资源及其抢救保护措施[D]. 西北农林科技大学, 2007.

[36]王树芝. 青海都兰地区公元前515年以来树木年轮表的建立及应用[J]. 考古与文物, 2004,000(006):45–50.

[37]王金叶, 车克钧, 常宗强, 等. 祁连山水源涵养林综合效益计量评价[J]. 西北林学院学报, 2001(z1):55–57.

[38]徐波, 董磊. 绿绒蒿 —— 喜马拉雅的传奇[J]. 森林与人类, 2016(4):14–33.

[39]https://www.guokr.com